本书由河南理工大学博士基金项目“透明氮化铝陶瓷的高压烧结制备及性能研究”及材料科学与工程河南省重点学科建设资金资助出版。

氮化铝陶瓷

李小雷　著

北　京
冶 金 工 业 出 版 社
2010

内 容 提 要

本书综合介绍了氮化铝粉体的制备、氮化铝陶瓷的制造工艺及应用状况。重点阐述了氮化铝陶瓷的高压烧结，对氮化铝粉体的高压烧结特性、显微结构及导热性能、烧结助剂的选用、氮化铝高压烧结体的结构调整、氮化铝高压烧结体的残余应力及高压烧结机理进行了探讨和分析。

本书可供从事功能陶瓷研究、开发、生产的科技工作者以及相关专业的大学生、研究生阅读参考。

图书在版编目(CIP)数据

氮化铝陶瓷/李小雷著．—北京：冶金工业出版社，2010．8

ISBN 978-7-5024-5152-3

Ⅰ．①氮…　Ⅱ．①李…　Ⅲ．①氮化铝陶瓷　Ⅳ．①TQ174．75

中国版本图书馆 CIP 数据核字(2010)第 058236 号

出 版 人　曹胜利

地　　址　北京北河沿大街嵩祝院北巷 39 号，邮编 100009

电　　话　(010)64027926　电子信箱　yjcbs@cnmip.com.cn

责任编辑　刘小峰　美术编辑　李　新　版式设计　张　青

责任校对　石　静　责任印制　牛晓波

ISBN 978-7-5024-5152-3

北京百善印刷厂印刷；冶金工业出版社发行；各地新华书店经销

2010 年 8 月第 1 版，2010 年 8 月第 1 次印刷

850mm×1168mm　1/32；7.875 印张；207 千字；233 页

28.00 元

冶金工业出版社发行部　电话:(010)64044283　传真:(010)64027893

冶金书店　地址:北京东四西大街 46 号(100010)　电话:(010)65289081(兼传真)

(本书如有印装质量问题，本社发行部负责退换)

序 言

氮化铝陶瓷具有高热导率、低介电常数、与硅相匹配的线膨胀系数、电绝缘性好、密度低、无毒、比强度高等优良的特性，在微电子、热交换、光学、工业、防弹等领域都有广泛的应用。鉴于氮化铝陶瓷材料的优良性能及其广泛的用途，它将成为21世纪高导热、绝缘方面的主流材料，其技术发展及市场前景极为广阔，引起了人们的广泛关注。目前，世界各主要发达国家均投入大量的人力与资金进行陶瓷的研究，我国也在自然科学基金、国家“863”高技术及科技攻关项目中将它列为重要的研究课题。但目前国内尚未见到专门对氮化铝陶瓷从成分、结构、制备、性能及应用等方面进行系统论述的专著。从新材料研究需要来看，急需一部有关氮化铝陶瓷的著作。

在我国功能陶瓷的发展历程中，新技术的应用起到了举足轻重的作用。随着我国改革开放事业的飞速发展，在各个领域都更加注重技术创新和知识的积累。为了使从事氮化铝陶瓷材料研制开发的科技人员对氮化铝陶瓷有一个全面的了解，作者依托其博士论文撰写了《氮化铝陶瓷》一书。该书为人们了解氮化铝陶瓷材料可以提供很好的帮助。作为介绍氮化铝陶瓷的专著，本书概述了氮化铝陶瓷材料的发展历程，对其制备工艺、性能、应用等进行了系统的阐述，特别对氮化铝陶瓷的高压烧结——这一国内外还较少涉及的研究领域进行了探讨和研究。本书的研究取得了令人满意的效果，希望本书中的研究不仅仅局限于试验，而且在不久的将来能够应用到工业实践上。

本书内容丰富，素材翔实，层次分明，具有很强的实践性。我相信，该书的出版对从事氮化铝陶瓷的科研、生产及应用研究的广大科技人员会有所帮助，对于我国 AlN 功能陶瓷材料技术的发展必将起到一定的推动作用。

吉林大学“长江学者”特聘教授　贾晓鹏

前　言

材料是人类赖以生存和发展的物质基础，是所有科学技术发展和进步的核心和先导，是反映一个国家科技发展水平的重要标志。与传统陶瓷材料相比，具有优良的力学、热学、电学、磁学、光学、声学等各种特性和功能的先进陶瓷材料，被广泛应用于国民经济的各个领域，是高新技术产业发展的三大基础材料之一。世界工业发达国家都投入大量的人力和资金进行新型陶瓷材料的研究。在欧洲的“尤里卡计划”、美国的“星球大战计划”及日本的“21世纪新材料发展战略规划”中，都将新型陶瓷材料列为重要的发展项目给予重点资助。

虽然我国有关新型陶瓷材料的研究从整体上讲起步较晚，与世界发达国家相比无论是在基础研究方面还是工程应用方面都有一定的差距，但是在近20年中，我国功能陶瓷材料的研究和生产得到很大发展，随着功能陶瓷材料制备技术不断提高，各种功能的不断发现，在微电子工业、通讯产业、自动化控制和未来智能化技术等方面作为主要支撑材料的地位日益明显，特别是随着材料向微型化、集成化、多功能化方向的发展，功能陶瓷不仅在品种、质量和数量上将有更高的要求，而且期待着新的功能陶瓷不断涌现。

氮化铝陶瓷材料是陶瓷材料的一个重要组成部分，具有优良的热学、力学、电学性能，如：高热导率，低介电常数，与硅相匹配的线膨胀系数，电绝缘性优良，密度较低，无毒，比强度高等。随着现代微电子设备的快速发展，作为封装材料或基体材料的高导热 AlN 陶瓷受到了广泛的重视，并对其进行了大量的研究。另外，AlN 在坩埚、真空蒸发容器、化学反应容器、烧成器具、燃气轮机热交换器和热流部件等方面也有着广泛的应用。总之，具有优良性能及其广泛用途的 AlN 材料将成为21世纪在高导热、绝缘方面的主流材料，其技术及市场前景极为广阔。

从我国功能材料工业的发展历程来看，AlN 陶瓷材料的每一步发展都是与科学技术的进步分不开的，可以说技术创新和知识积累在 AlN 陶瓷材料工业的发展过程中起了举足轻重的作用。AlN 材料行业的每一个新产品、新工艺，无不以技术进步为前提。

本书是在作者的博士论文《AlN 陶瓷的高压烧结研究》的基础上加以改进完善而成的。本书的主要内容共分9章，内容包括氮化铝陶瓷结构、性能，粉体的制备，氮化铝陶瓷的烧结方法等。本书重点阐述了氮化铝陶瓷的高压烧结，对氮化铝粉体的高压烧结特性、显微结构及导热性能、烧结助剂的选用、氮化铝高压烧结体的结构调整、氮化铝高压烧结体的残余应力及高压烧结机理进行了探讨和分析。另外，本书收录了作者发表于国外期刊杂志的英文文章3篇，希望能对有兴趣搞科研的读者提供一定的帮助。

在本书的写作、出版过程中，作者得到了贾晓鹏教授、张义顺教授、管学茂教授、马红安教授等人的悉心指导和热情帮助；在本书的完善过程中，参考了国内外许多学者的著述和成果；在本书相关的试验过程中，还得到了吉林大学超硬材料国家重点实验室的李尚升、宿太超、肖宏宇、胡强、秦杰明、刘世凯、李吉刚、尹斌华、周升国、张和民、马利秋、左桂鸿、郭玮、刘晓兵、刘万强、黄国峰、于润泽、郑友进、梁中翥、高峰、刘健、胡美华、贾宏声、罗保民、张健琼、李瑞、周林、张亚飞、韩奇钢、郭建刚等同学的全力协助，在此一并表示衷心的感谢。

本书的出版，得到了河南理工大学博士基金项目“透明氮化铝陶瓷的高压烧结制备及性能研究”及材料科学与工程河南省重点学科建设资金的资助，谨致深深的谢意！

《氮化铝陶瓷》一书是对氮化铝功能材料所做的新的探索，旨在抛砖引玉，促进我国氮化铝的制备技术更加快速、深入的发展。

由于作者学术水平所限和成书仓促，加之氮化铝陶瓷本身还处于不断发展、完善的阶段，书中不妥之处在所难免，恳请读者批评、指正。

作　者

2009 年 11 月 22 日

于河南理工大学超硬材料实验中心

目　录

1 绪　论

1.1 引言

信息、材料和能源被誉为支撑当代文明的三大支柱。其中，材料是人类赖以生存和发展的物质基础，是所有科学技术发展和进步的核心和先导，是反映一个国家科技发展水平的重要标志。目前，与传统陶瓷材料相比，具有优良的力学、热学、电学、磁学、光学、声学等各种特性和功能的先进陶瓷材料，被广泛应用于国民经济的各个领域，是高新技术产业发展的三大基础材料之一。

先进陶瓷材料主要包括结构陶瓷和功能陶瓷两大类。其中，功能陶瓷材料是先进陶瓷材料最主要的组成部分，由于各种功能的不断发现，在微电子工业、通讯产业、自动化控制和未来智能化技术等方面作为主要支撑材料的地位日益明显，特别是随着材料向微型化、集成化、多功能化方向的发展，功能陶瓷不仅在品种、质量和数量上将有更高的要求，而且期待着新的功能陶瓷不断涌现。

氮化物是氮与其他元素形成的二元化合物，包括金属氮化物、非金属氮化物和氨（习惯上将氨作为一种特殊物质，不列入氮化物中）。金属氮化物指金属元素与氮形成的化合物。其中多数不溶于水，热稳定性高，可用作高温绝缘材料，如氮化钛、氮化钽、氮化钒等。少数遇水完全水解生成金属氢氧化物并放出氨，如氮化镁、氮化铝等。

很多金属氮化物和非金属氮化物都具有高硬度、高熔点、高化学稳定性及耐磨、耐腐蚀等特点，具有广泛的用途。其中一些氮化物的硬度已接近甚至超过了金刚石，如立方氮化硼和纤锌矿氮化硼。而金刚石因为其碳结构在高温环境下具有不稳定性，很容易与氧产生化学反应，与铁也很容易化合，所以无法广泛应用于诸多工业领域，于是人们把目光投向了默默无闻的氮化物。

同氧化物不同，多数氮化物并不存在于自然界，而是人工合成的产物。氮化铝（AlN）就是一种类似金刚石的氮化物，于1877年被首次合成。

AlN陶瓷具有优良的热学、力学、电学性能，如：高热导率（理论值为320W/(m·K)），低介电常数（1MHz下约为8），与硅（Si）相匹配的线膨胀系数（293～773K时，$4.8\times10^{-6}K^{-1}$），电绝缘性优良（体积电阻率大于1012Ω·m），密度较低（3.26 g/cm^3），无毒，比强度高等。随着现代微电子设备的广泛发展，作为封装材料或基体材料的高导热AlN陶瓷受到了广泛的重视，并对其进行了大量的研究。AlN陶瓷材料被应用到封装体中以扩散生成的热量，降低器件的工作温度，提高封装体的使用性能和稳定性。另外，在模块电路、可控硅整流器、大功率晶体管、大功率集成电路、开关电源等电力电子产品上的应用也日益广泛。目前已经应用或正在开发的电子装置配套AlN产品主要有：散热基片（微波晶体管、半导体激光器、发光二极管等）；结构体部件（晶闸管散热片、气体激光冷却器、热交换器等）；混合集成电路基板（超高频功率放大模块、功率HIC等）；封装外壳（微波晶体管、芯片载体、DIP扁平封装等）。

此外，AlN也可以用于结构材料领域，比如做坩埚或耐火材料。另外，AlN高的热导率、高的比模量和低的热膨胀系数使其在热机中也有很多的用处；利用其耐高温和耐腐蚀的性能，可用来制作坩埚、真空蒸发容器、化学反应容器、烧成器具、燃气轮机热交换器和热流部件等。

鉴于AlN陶瓷材料具有的优良性能及其广泛的用途，它将成为21世纪在高导热、绝缘方面的主流材料，其技术及市场前景极为广阔。

1.2　AlN 的结构和性能

1.2.1　AlN 的结构

AlN 是一种具有六方纤锌矿结构的Ⅲ-Ⅴ族强共价化合物。其结构单位为［AlN_4］四面体，即晶胞中每个 Al 原子被 4 个 N 原子包围，其晶体结构如图 1-1 和图 1-2 所示。它含有三根

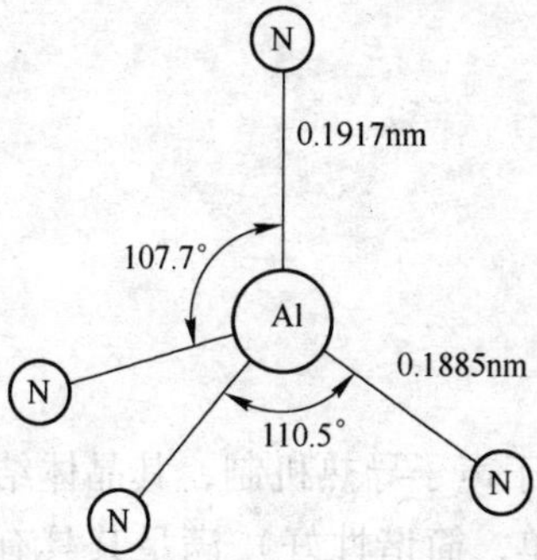

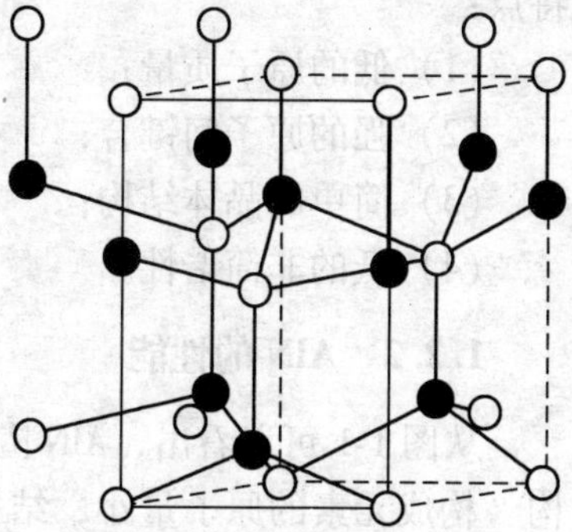

图 1-1　AlN 的晶体结构
（●—Al 原子；○—N 原子）

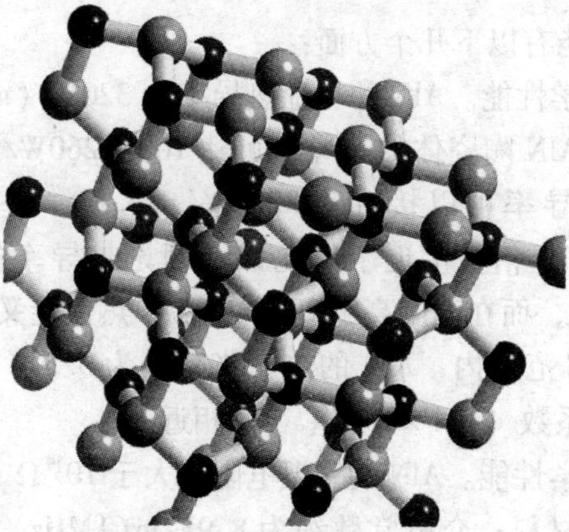

图 1-2　AlN 的晶体结构示意图

键长为 0.1885nm 的 Al—N(1)键和一根在［001］方向的键长为 0.1917nm Al—N(2)键。沿 c 轴方向 Al—N(2)键略长于其他的三根键 Al—N(1)，从而形成了一个具有畸变的［AlN_4］四面体。其空间群为 $P6_3mc$，晶格常数为 $a=0.3110nm$，$c=0.4978nm$。

与其他高热导无机非金属材料（金刚石、BN、SiC、BeO 等）类似，AlN 具备高热导性能是因为在结构方面具有以下四个特点：

（1）低的原子质量；

（2）强的原子间键合；

（3）简单的晶体结构；

（4）低的非简谐性。

1.2.2 AlN 的性能

从图 1-1 可以看出，AlN 陶瓷属于声子导热机制，其晶体结构（构成元素的原子量小，结构简单，简谐性好）满足其具有高热导率的特点。

AlN 的理论密度为 $3.26g/cm^3$，莫氏硬度 7～8，在 2200～2250℃分解。

主要性能有以下几个方面：

（1）热学性能。AlN 的理论热导率为 320W/(m·K)，实际制备的多晶 AlN 陶瓷体的热导率可达 100～260W/(m·K)，单晶 AlN 的热导率可以接近为 320W/(m·K)，室温热导率为 Al_2O_3 的 5～10 倍，接近于氧化铍（理论热导率的范围内 350 W/(m·K)），而在温度高于 200℃时，导热性能又好于氧化铍；在 25～400℃范围内，AlN 的热膨胀系数为 $3.5\times10^{-6}℃^{-1}$，与硅的热膨胀系数（$4.4\times10^{-6}℃^{-1}$）相近。

（2）电学性能。AlN 的室温电阻率大于 $10^{14}\Omega\cdot cm$，是一种良好的绝缘材料；介电常数约为 8.9F/m(1MHz)，与 Al_2O_3 相当；介电损耗为$(3\sim10)\times10^{-4}$(1MHz)；绝缘耐压为 15kV/mm。

（3）力学性能。室温下，致密的 AlN 陶瓷的硬度（HV）为 12GPa，杨氏模量为 308GPa，抗弯强度为 300MPa，强度随温度的上升而缓慢下降，1300℃高温强度比室温强度降低约 20%，而热压 Si_3N_4、Al_2O_3 一般要降低 50%。

（4）化学性能。AlN 具有优良的高温抗腐蚀能力，不被铝、铜、银、铅、镍等多种金属浸润，也能在某些化合物（如砷化镓）的熔盐中稳定存在；AlN 具有强烈的吸湿性，极易与空气中的水蒸气反应；在空气中，AlN 的初始氧化温度在 700～800℃间；1 个大气压下，AlN 不会熔化，而是在温度高于 2400℃时发生热分解。

AlN 的主要性能见表 1-1。AlN 与其他几种陶瓷材料性能的比较见表 1-2。

表 1-1 AlN 的主要性能

性能	指标		备注
热学性能	热导率	理论热导率 320W/(m·K)，实际产品接近 260～320W/(m·K)	为 Al_2O_3 的 8～10 倍
	线膨胀系数	$3.5\times10^{-6}K^{-1}$（室温～200℃）	与硅接近（$4.5\times10^{-6}K^{-1}$）
电学性能	绝缘性能	能隙宽度 6.2eV，室温电阻率大于 $10^{16}\Omega\cdot m$	良好的绝缘体
	介电常数	8.0	与 Al_2O_3 相当
力学性能	室温力学性能	HV = 12GPa，E = 314MPa，σ = 300～500MPa	
	高温力学性能	1300℃下降约 20%	热压 Si_3N_4、Al_2O_3 下降约 50%
其他	无毒（BeO 剧毒）		

表 1-2 AlN 与其他几种陶瓷材料性能的比较

性 能			AlN		Al_2O_3		BeO	SiC/BeO	BN(六方晶型)	Si_3N_4
常规性能	纯度/%		>99.6	>99.8	96	99.5	99.6			
	密度/g·cm^{-3}		3.25	3.25	3.75	3.90	2.9	3.2	2.25	3.18
	热导率/W·(m·K)$^{-1}$	25℃	140	260	20	30	250	270	20~60	10~40
		100℃	130	220			190	210		
	线(热)膨胀系数(25~400℃)/℃		4.4×10^{-6}	4.4×10^{-6}	7.2×10^{-6}	7.4×10^{-6}	7.5×10^{-6}	3.7×10^{-6}	(0.7~7.5)×10^{-6}	3.2×10^{-6}
电学性能	电阻率/Ω·m		>10^{14}	>10^{14}	>10^{15}	>10^{15}	>10^{14}	>10^{14}	>10^{13}	>10^{14}
	介电常数/(1MHz)		8.9		9.3	9.7	6.7	40	4.0	9.4
	介电损耗/(1Hz)		(3~10)×10^{-4}		3×10^{-4}	1×10^{-4}	4×10^{-4}	50×10^{-4}	(2~6)×10^{-4}	
	电压降/kV·mm^{-1}		15		10	10	10	0.07	300~400	100
力学性能	硬度(HV)/GPa		12		25		12	25	2	20
	抗压强度/MPa		300~400		300~350		200	450	40~80	980
	弹性模量/GPa		310		370		350	450	98	320
毒 性			无毒		无毒		有毒	弱毒性	无毒	无毒

1.3 AlN 的应用领域

由于 AlN 陶瓷在热学、力学、电学等方面具有优异的性能，因此，它在很多方面都具有广泛的应用，且前景十分广阔。氮化铝的性能与相关的应用见表 1-3。

表 1-3 氮化铝的性能与相关的应用

性 能	应 用
高热导率及低介电常数	电子封装材料
单晶压电性	压电器件
高表面波速	声表面波器件
宽禁带	MIS，MNOS 器件
电化学荧光性	电化学荧光器件
高机械强度及高温机械强度	结构陶瓷
化学稳定性	涂 层

1.3.1 基体材料和组件封装材料

目前，AlN 陶瓷主要用作大规模集成电路和半导体电子器件的电路基片或封装材料。

自从 1947 年 12 月世界上第一只晶体管在美国贝尔电话实验室诞生以来，微电子技术发展日新月异，经历了晶体管、IC、LSI、VLSI 及 ASIC 等五个发展阶段，已经成为当代发展最快的技术之一。微电子技术作为电子信息产业的基础和心脏，它的发展极大促进了航空航天技术、遥测传感技术、通讯技术、计算机技术、网络技术及家用电器产业的迅速发展。微电子技术的发展趋势表现在两个方面：一是芯片的集成度越来越高；二是适应于集成电路栅长度的减小和集成度增大，集成电路工艺技术不断变化。集成电路高密度化遵从摩尔定律（Moore's Law），即每 18 ~ 24 个月，芯片集成度提高一倍。集成电路的高密度化使得线宽不断减小，从 20 世纪 90 年代初的 0.5μm 减小到目前的 0.18μm，许多大公司已经开始 0.13μm 工艺的实用化研究。集成电路栅长度的减小和集成度的增大反过来刺激了集成电路工艺技术的发展。

微电子技术迅速发展，集成电路的高速化、高集成化和电子器件的微小型化，对于封装要求越来越高。封装的热、电、可靠性等性能直接影响着集成电路的性能，一个电路的封装成本几乎已和芯片的成本相当。微电子封装已逐渐成了影响微电子技术发展的重要因素之一，微电子封装技术也已逐渐发展成为一门几种学科交叉的热门学科。微电子技术的发展使得集成电路的设计、工艺制作和封装三者已密不可分，并相互促进，共同发展。

随着微电子封装技术的发展，电子器件和电子装置中元器件的复杂性和密集性日益提高，开发性能优异、可满足各种要求的封装材料已经成为当务之急。

通常，基体材料和组件封装材料作为电路的支撑体、绝缘体和散热通道，应具备如下性质：

(1) 导热性能良好。导热性是电子基片材料的主要性能指标之一。如果基片材料不能及时散热将影响电子设备的寿命和运行状况。另外，温度分布不均匀也会导致电子器件噪声大大增加；

(2) 线膨胀系数匹配（主要与 Si 等）。若二者热膨胀系数相差较大，电子器件工作时的快速热循环易引发热应力而导致失效；

(3) 高频特性良好，即低的介电常数和低的介质损耗。因为在高速传输信号的布线电路上，信号延迟时间与基片材料介电常数平方根成正比，为满足用作高速传输速度器件的需要，所以要求基片材料介电常数低。

另外，电子基片材料还应具有力学性能高、电绝缘性能好、化学性质稳定（对电镀处理液、布线用金属材料的腐蚀而言）、易于加工等特点。目前，基体材料主要包括塑封料、陶瓷材料、环氧玻璃、金刚石、金属及金属基复合材料等。

1.3.1.1 塑封料

塑封料在电子封装材料中用量最大、发展最快，它是实现电子产品小型化、轻量化和低成本的一类重要材料。它的主要优点是成本低、工艺简单、适合大规模生产，在集成电路的封装中已独占鳌头。

塑封料所用的材料为热固型塑料，主要包括酚醛类、树脂类、环氧类和有机硅类（硅酮塑料）。在塑封料中，环氧玻璃是最便宜的一种，它是一种由环氧树脂和玻璃纤维组成的复合材料，常用于单层、双层或多层印刷板。尽管塑封料是封装材料中的主力军，但是由于其导热性能差、耐高温性差、电性能和热膨胀系数匹配一般，不能适应高功率电子产品，尤其不能适用于航空航天、军事工程所用的高可靠、高频、高温、气密性强的产品封装。

1.3.1.2 陶瓷材料

陶瓷材料是电子封装中常用的一种基片材料，其主要优点在于：高的绝缘性能和优异的高频特性，具有和元器件相近的线膨胀率，很高的化学稳定性和较好的热导率。从 20 世纪 60 年代至今，美、日等发达国家相继研究并推出叠片多层陶瓷基片及封装材料和工艺，陶瓷基片已是当今世界上广泛应用的几种高技术陶瓷之一。目前，已用于实际生产和开发应用的高导热陶瓷基片材料主要包括氧化铝、氮化铝、氮化硅、氧化铍等。氧化铝陶瓷是目前应用最成熟的陶瓷基片。它具有表面光滑、价格低、耐热、热导率高、机械强度高、耐热冲击、电绝缘性好、化学稳定性好等诸多优点，其制作和加工技术比较成熟，因而使用最广泛，占陶瓷基片材料的 90%。几种常用陶瓷封装材料的性能如表 1-4 所示。

传统的氧化铝基片材料热导率仅为 17 ~ 25W/(m · K)，而氮化铝热导率 k = 140 ~ 240W/(m · K)，高出 5 ~ 10 倍。氧化铍（BeO）虽和 AlN 的热导率相当，但 BeO 有毒害，大量吸入人体后导致急性肺炎，长期吸入会引起慢性铍肺病，故世界上有些国家已停止使用 BeO。因此，AlN 是先进集成电路最优异的候选材料。

表 1-4　常用陶瓷封装材料及其特性

陶瓷封装材料	介电常数 (1MHz)	机械强度 /MPa	热膨胀系数 (20～200℃)/℃$^{-1}$	热导率 /W·(m·K)$^{-1}$
氧化铝	9.4	280	65×10^{-7}	25
碳化硅	42	420	37×10^{-7}	270
氮化硅	7.0	350	23×10^{-7}	33
氮化铝	8.8	350	42×10^{-7}	260
莫来石	6.8	250	68×10^{-7}	290
氧化铍	6.8	250	68×10^{-7}	290
玻璃/陶瓷复合材料	5	210	30×10^{-7}	5

1.3.1.3　低温共烧陶瓷

20 世纪 80 年代，美国成功地开发了氧化铝和金属 Mo 高温共烧（HTCC）的 33 层陶瓷基板（MLC），此后 MLC 在微电子封装领域获得广泛应用，但是陶瓷封装材料（如 Al_2O_3、AlN 等）由于烧结温度高，只能与高熔点、高电阻的金属（W、Mo、Mn 等）共烧。其缺点是导体材料的电阻率高，造成损耗大，并且绝缘材料的介电常数和介电损耗相对较高，导致电路信号传输速度低、信号损失较高。为了获得高的信号传输速度和低的信号损失，且能够与金属良导体 Ag、Au 和 Cu 实现低温共烧，一系列的低温共烧陶瓷（LTCC）—玻璃/陶瓷复合材料被开发和应用。

1.3.1.4　金属及其金属基复合封装材料

绝缘金属基基片早已开发并成功用于电子封装中，因其热导率和机械强度高、加工性能好，至今仍是人们继续开发、提高和推广的封装材料之一。

金属封装材料的特点是：

（1）封装外壳可以和某些部件（如混合集成的 A/D 或 D/A 转换器）融为一体，可使封装形式多样化，散热快、体积小、成本低；

（2）通过改变增强体的种类、体积分数、排列方式，或改变基体的合金成分、热处理工艺等可以实现材料的热物理性能设计；

（3）可直接成形，避免了昂贵的加工费用和材料损耗；

（4）材料制造灵活，生产费用低。用于封装基片的金属基复合材料主要为 Cu 基和 Al 基复合材料。

在用金属材料封装时，要根据被封装电路或器件的传输延迟、串扰、散热等要求，合理设计封装结构、尺寸和合理选择封装材料。在金属及其金属基复合封装材料中，铝基复合材料是目前研究的热点。它不仅具有比强度和比刚度高等特点，而且热导性能好，热膨胀系数可调，密度较低，具有很大的开发应用潜力。

AlN 陶瓷具有优异的传热性能，它可以代替 Al_2O_3 和 BeO 散热用基体材料，是制作大规模集成电路基片的极佳材料。表 1-2 列出了几种陶瓷材料性能的比较。1990 年富士通公司将 AlN 首次应用于高品质数字化电视机（HDTV）等消费领域。另外，它还非常适合于 VLSL 组件、微波真空管的封装壳体以及混合功率开关的封装等，它被视为新一代的电子封装材料。可以预计，在基片和高密度封装领域，AlN 终将代替 Al_2O_3 和 BeO。福建斯诺瑞公司生产的两种 AlN 基板的主要性能如表 1-5 所示。

表 1-5 福建斯诺瑞公司两种 AlN 基板性能

氮化铝基板	AlN 120	AlN 180
密度(理论)/$g \cdot cm^{-3}$	3.26	3.29
密度(实测)/$g \cdot cm^{-3}$	3.24	3.31
抗弯强度/MPa	350	>300
抗压强度/GPa	2.1	>2.0

续表1-5

氮化铝基板		AlN 120	AlN 180
断裂韧性/MPa·$m^{1/2}$		3.35 ±0.2	3.35 ±0.2
杨氏模量/GPa		310	310
热导率/W·(m·K)$^{-1}$		120 ±10	180 ±10
热膨胀系数/K^{-1}	RT-100℃	3.6×10^{-6}	3.6×10^{-6}
	RT-300℃	4.6×10^{-6}	4.6×10^{-6}
	RT-500℃	5.2×10^{-6}	5.2×10^{-6}
	RT-1000℃	5.6×10^{-6}	5.6×10^{-6}
比热容/J·(kg·K)$^{-1}$		738 ±20	738 ±20
体积电阻率/Ω·cm		$>10^{12}$	$>5\times10^{12}$
介电强度/kV·mm^{-1}		>25	>20
介电常数(1MHz)		8.6	8.6
抗热震性		优　异	优　异

1.3.2　耐热冲和热交换材料

AlN陶瓷室温强度高，且随温度变化小（热压AlN在1500℃时强度仍保持在500MPa），同时具有很高的导热系数和较低的热膨胀系数，是一种良好的耐热冲材料和热交换材料，可望用于燃气轮机的热交换器上。

氮化铝的线膨胀系数比氧化铝、氧化镁小，而热导率却比氧化铝高两倍，所以其抗热震性比氧化铝等好，能耐2200℃的急热急冷。氮化铝的机械强度在常温时比氧化铝低，但在1400℃以上时比氧化铝好，而且由于氮化铝无熔点，因此没有软化点，在达到分解温度之前，制品形状不会发生变化，并可保持相当的强度。氮化铝的电性能类似氧化铝。氮化铝与沸腾的酸不起作用，但能被极浓的苛性钠溶液腐蚀。对熔融的金属尤其是铝和镓不发生任何反应。氮化铝也不为液态氧化硼侵蚀，而大多数氧化物材料都能溶于液态氧化硼。在空气中，氮化铝在700℃以上开始缓慢氧化，到1200℃时氧化明显。在耐热材料方面，用作以下方面：

（1）非氧化气氛下，直到2000℃，AlN 仍保持稳定。因此，在该气氛下，AlN 陶瓷是一种很好的耐火材料和高温材料。

（2）AlN 陶瓷可用作坩埚、保护管、浇注模具及烧结模具等。用 AlN 陶瓷作金属熔池用的浸入式热电偶保护管，在 800～1000℃的熔池中能保持浸入 3000h 以上而不被侵蚀破坏。另外，由于 AlN 对砷化镓等熔盐稳定，用坩埚代替玻璃来合成砷化镓半导体，可以完全消除硅的污染而得到高纯度的砷化镓。

（3）AlN 可用作Ⅲ、Ⅴ族元素的晶体控制坩埚，还可望作为磁流体发电（MHD）以及高温气体耐蚀部件。

1.3.3 其他方面的应用

1.3.3.1 光学功能材料

电子薄膜材料是现代微电子技术和光电子技术的基础，因而对各种新型电子薄膜材料的研究成为众多科研工作者的关注热点。19 世纪 60 年代，人们发现 AlN 可作为电子薄膜材料，并具有广泛的应用。近年来，以ⅢA 族氮化物为代表的宽禁带半导体材料和电子器件发展迅猛，被称为继以 Si 为代表的第一代半导体和以 GaAs 为代表的第二代半导体之后的第三代半导体。AlN 作为典型的ⅢA 族氮化物得到了越来越多国内外科研人员的重视。目前，各国竞相投入大量的人力、物力对 AlN 薄膜进行研究工作。AlN 有诸多优异性能，带隙宽、极化强，禁带宽度为 6.2eV，使其在机械、微电子、光学，以及电子元器件、声表面波器件（SAW）制造、高频宽带通信和功率半导体器件等领域有着非常广阔的应用前景。

AlN 的多种优异性能决定了其多方面应用，作为压电薄膜，AlN 已经被广泛应用；作为电子器件和集成电路的封装、介质隔离和绝缘材料，有着重要的应用前景；作为蓝光、紫外发光材料也是目前的研究热点。AlN 可用作蓝光紫外发光材料，它的直接带隙使得其在紫外光范围具有透光窗口，如果进行掺杂还可能得到在紫外光范围内发光的光电器件。AlN 还能与 GaN 形成合金 AlGaN，从而能够制造出基于 AlGaN/GaN 的电子和光电学器件。这种器件在绿光波长到紫外光波长都有效。此外，氮化铝陶瓷薄膜具有较高的非线性光学极化效应，因此还能作为二阶谐波发生器来使用。

另外，高纯度的 AlN 陶瓷呈透明状，可用作电子光学器件；利用 AlN 薄膜的优良光学性能，可制作红外光、雷达透过材料以及传感器等。

1.3.3.2　工具陶瓷

为了充分利用 AlN 材料的优点，有效抑制它的不利因素，还可以通过复相陶瓷的途径，拓展氮化铝在其他方面的应用，如加入 TiC_p、SiC_p 颗粒和 SiC_W 晶须，用以提高其强度和韧性。

氮化铝是常见的耐高温材料，其氮与铝原子之间以极强的共价键结合，性质与氮化硼和碳化硅相似，熔点和分解温度均很高。氮化铝是性能优异的抗氧化材料。其原因在于，当氮化铝在大气中受高温作用时，其铝原子会向表面扩散并形成氧化铝层，所形成的氧化铝层具有很高的能障，可阻止铝的进一步氧化。利用上述性能，AlN 与 BN、TiN 等复合，可拥有优异的力学性能及抗氧化性能，同时，也具有较高的硬度、良好的黏附性能及优异的抗磨性能。

目前 Al/AlN、AlN/TiN、AlN/BN 等复合材料的研究已经取得了很大进展，这些复合材料性能优异，如 Al/AlN 具有轻质高强度和导热性能好的优点，可用作结构材料。AlN/TiN 具有高的强度和硬度，可用作刀具。利用 AlN 陶瓷的高硬度特性，与 BN 薄膜复合制备 AlN/BN 陶瓷复合材料，其具有良好的可加工性，可用于制备具有良好导热性能的可加工陶瓷，具有十分美好的应用前景。

1.3.3.3　填料

AlN 粉末还可作为添加剂加入各种金属或非金属中来改善这

些材料的性能，例如，将适量的 AlN 粉末加入某种聚合物，可使该物质的热导率提高 10～50 倍，应用于电子封装和散热片。

1.3.3.4　防弹及耐磨材料

AlN 还具有优良的耐磨耗性质，可用作研磨材料和耐磨损零件。由于在高能量下呈现半延性的特征，AlN 还可以用作防弹材料，在几种常用陶瓷防弹材料中，其防弹效率仅次于碳化硼（B_4C），是目前极具潜力的防弹材料。

1.4　AlN 的热导率

AlN 陶瓷材料的高热导率在其诸多优良的性能中占有相当重要的位置，因此，AlN 的热导率与结构和工艺方面的关系成为 AlN 材料的研究重点。

1.4.1　AlN 陶瓷的导热机理

热是一种关系到分子、原子、中子以及它们所组成部分的移动、转动和振动的能量。当温度分布不均匀时，将会有热能从高温处流向低温处，这种现象称为热传导。热流密度表示单位时间内通过单位截面传输的热能，实验证明热流密度与温度梯度成正比，两者的比例系数被称为热传导系数或热导率。

AlN 为共价化合物，在 AlN 中没有自由电子的存在，热能的传导是声子作为载体以辐射形式进行的，电子载体的贡献几乎没有，光子载体的贡献则随温度等许多因素变化。

研究表明，对理想的 AlN 晶体而言，其热导率主要由声子平均自由程决定。而声子平均自由程的大小基本上是由声子的碰撞或者散射过程决定的。影响热传导性质的声子散射主要有以下四种机制：

（1）声子间的碰撞。声子相互碰撞散射而产生热阻是晶体中热阻的主要来源，高于德拜温度时更为显著。

（2）点缺陷引起的声子散射。点缺陷引起的热阻变化与温度无关。

(3) 晶界散射。

(4) 位错引起的声子散射。

对理想的 AlN 晶体而言，AlN 晶格的振动是谐性的，声子间碰撞不存在。但在实际晶体中，热能在 AlN 晶体中的传播是非谐性的弹性波在连续介质的传播，都存在着声子间的相互作用。声子间相互作用这一散射机制对平均自由程的影响与温度有关，在较高温度下（$T>$德拜温度），声子平均自由程与 T 的倒数成正比，声子的平均自由程随温度升高而减小；而在较低温度范围，声子的平均自由程将随着温度的降低而迅速地增大。

声子与 AlN 晶体的不完整性、各种缺陷、晶界、杂质、位错以及晶体表面等作用也会引起散射，从而影响声子平均自由程的大小，大大降低 AlN 热导率。而且这一类声子散射机制对声子平均自由程的影响也随温度的不同而变化：在较高温度时，晶体不完整性等引起的这一类散射与温度无关；在很低温度下，声子间相互作用的散射机构对声子平均自由程的影响迅速减弱，此时晶体不完整性、缺陷等引起的这类散射机构则直接影响和决定声子平均自由程的大小。

测试 AlN 陶瓷热导率的温度一般在室温到几百度，以上讨论表明：在该温区内上述四种声子散射机制相互作用，前两者对声子平均自由程的影响均较大。通常声子平均自由程远小于晶粒尺寸，AlN 陶瓷中晶界的厚度也远小于声子平均自由程，不足以使声子发生散射，且 AlN 为共价化合物，不可能存在电子散射，而对致密的 AlN 陶瓷而言，气孔和第二相含量都比较低，声子对它们的散射也不是主要的。因而可以认为 AlN 热导率主要由晶体缺陷和声子散射控制。

1.4.2　影响 AlN 陶瓷热导率的主要因素

虽然 AlN 的单晶体有着很高的热导率，但通常制备的 AlN 陶瓷具有多晶多相的显微结构，由于晶格、缺陷、夹杂物、第二相、气孔、晶界等都会对声子散射，降低了声子的平均自由程，从而使得 AlN 陶瓷的热导率远远低于 AlN 单晶体的热导率。

1.4.2.1 气孔的影响

多相陶瓷的热传导机理的描述通常有平行板模型、连续主相模型和连续次相模型。对于后两种模型，如果连续相的热导率为 k_c，分散相的热导率为 k_d，则总体热导率为：

$$k_m = k_c \frac{1 + 2\nu_d \dfrac{1 - k_c/k_d}{2k_c/k_d + 1}}{1 - \nu_d \dfrac{1 - k_c/k_d}{2k_c/k_d + 1}} \tag{1-1}$$

当 $k_c \geqslant k_d$ 时 $$k_m \approx k_c \frac{2(1 - \nu_d)}{2 + \nu_d} \tag{1-2}$$

但 $k_c \leqslant k_d$ 时 $$k_m \approx k_c \frac{1 + 2\nu_d}{1 - 2\nu_d} \tag{1-3}$$

陶瓷的气孔对声子热导率的影响较大，可以看出，气孔的存在会大大降低陶瓷材料的热导率。因此，要获得高热导率的 AlN 陶瓷材料，充分致密化程度是一个必要条件。

1.4.2.2 缺陷的影响

AlN 陶瓷中一般含有碳、氧、硅等杂质，它们以 Al_4C_3、Al_2O_3、Al_2OC、SiC、Si_3N_4 等形式存在。在所有的杂质中，氧是影响 AlN 热导率的主要因素，因为晶格中的氧具有高置换可溶性，容易形成氧缺陷。缺陷方程如下：

$$Al_2O_3 \xrightarrow{3AlN} 2Al_{Al} + 3O_N^{\cdots} + V_{Al}'' \tag{1-4}$$

由上式可以看出，三个氧原子置换了 AlN 中的三个氮原子，占据了其晶格位置后就会产生一个铝空位。内氧原子本身对热导率的影响可以忽略，Al 位置上由于生成铝空位，格点的原子质量由 27 变为 0，差别太大，势必在晶格内产生相当大的非简谐性，阻碍声子传播，使热导率显著下降。当氧超过固溶界限与氧化铝共存的情况下，形成铝的氧氮固溶体（即 AlON 的多晶形物），在此情况下，热导率降低更大。可见，氧含量越低热导率越高，要得到高热导率的 AlN 陶瓷，必须尽可能降低 AlN 的氧含量。

C 会以 Al_2OC 或 Al_4OC 固溶在 AlN 中，结果在 N 位置上产生 V_N，但由于 N 位置上原子量由 14 变为 0，相对于氧变化不大，且碳在 AlN 中含量少，所以碳含量对 AlN 陶瓷热导率的影响不敏感。其他杂质元素如 Si、Mn 和 Fe 也会降低 AlN 的热导率。故应提高 AlN 粉末的纯度。

上述讨论说明，AlN 粉的纯度会影响 AlN 陶瓷的热导率，说明在制备 AlN 陶瓷时不宜引入过多的添加剂。

1.4.2.3 结构的影响

影响 AlN 热导率的结构缺陷可分为两大类：第一类是晶格内的缺陷，主要是杂质固溶，其他包括空位、错界及相畴界；另一类是位于晶界上的缺陷，主要是烧结助剂所产生的第二相、气孔及玻璃相。

文献对 AlN 陶瓷的显微结构和相的分布对其热导率的影响报道较多。Masahiko Tajika 认为，连续的 AlN 晶粒比孤立分布的 AlN 晶粒具有更高的热导率，因为连续分布的晶粒为声子传播提供了更直接的通道。Ching-Fong Chen 的实验表明，烧结助剂的分布也是影响 AlN 热导率的重要因素之一，晶界相的非均匀分布会导致大量的气孔，阻碍了声子散射，从而降低了 AlN 的热导率。第二相位于三叉晶界的 AlN 的热导率高于第二相位于晶棱边的 AlN 的热导率，且第二相孤立分布的 AlN 的热导率对第二相含量极为敏感。Mehard Zarinejad 认为，第二相的形态会对 AlN 陶瓷的热导率有较大影响，当相互联系的第二相较多时，热导率下降，这是因为相互联系的第二相减少了 AlN 晶粒直接接触的机会。晶界厚度对热导率也有影响，晶界杂质含量高，晶界变厚，热导率降低；Shuai Du 和 Longqiao Gao 认为，晶界和气孔会降低热导率，且第二相越少，热导率越高。H. Buhr 和 G. Muller 也认为，分布于晶界的第二相和孤立的第二相都会降低 AlN 的热导率。晶界层大于几个纳米时也会强烈地减小 AlN 的热导率。国内许多学者就显微结构对 AlN 热导率的影响也开展了研究，并得出小的气孔率、少的晶间相以及尽可能大的 AlN 晶粒间的界面连接有利于提高 AlN 的热导率。

采用等离子体烧结这种全新的烧结方法制备添加 Y_2O_3 的 AlN 粉体，仅用几分钟的时间便可使坯体致密，颗粒迅速长大。而且，由于等离子体温度很高，晶界相 YAG（钇铝石榴石）也溶解成 Y_2O_3 并从表面蒸发，使晶界相大为减少。

总之，AlN 陶瓷的显微结构对其热导率有重要影响，可通过控制显微结构来提高热导率。理想的显微结构应该是致密度高，晶型完整，晶粒细小均匀呈多面体，晶粒之间为面接触，且第二相尽可能少。

1.5　AlN 陶瓷的研究历程

AlN 是二元 Al-N 系唯一稳定的化合物，由 F. Briegler 和 A. Geuther 于 1862 年发现，J. W. Mallets 于 1877 年首次合成以来，至今已有一百多年的发展历史。一百多年来，科学家们对 AlN 不断地进行研究和探索，其过程大致可以分为以下几个阶段：

第一阶段：19 世纪末期至 20 世纪 50 年代。AlN 合成以来，由于当时人们对 AlN 认识尚浅，加上 AlN 粉体很难烧结，人们仅将 AlN 作为化肥中的固氮中间体使用。由于 AlN 属于共价化合物，原子的自扩散系数小，其固有的难以烧结的缺点限制了它的进一步发展，在这一阶段的几十年中，有关 AlN 的研究进展不大。

第二阶段：20 世纪 50 年代至 60 年代。20 世纪 50 年代，Long 和 Foster 第一次制得 AlN 陶瓷，但由于制粉方法和烧结技术有限，材料的致密度不高，强度很低，但高温耐蚀性好，因此仅作为耐火材料，用于纯铁、铝及铝合金等的熔炼。50 年代后期，随着人们对非氧化物陶瓷的重视，开始将 AlN 作为一种新材料进行研究，侧重于将其作为结构材料。

第三阶段：20 世纪 60 年代至 80 年代。20 世纪 60 ~ 70 年代中，AlN 陶瓷材料研究的关键问题是如何获得致密的 AlN 材料。随着粉末冶金技术的发展以及人们对 AlN 研究的不断深入，至 70 年代中后期，致密的 AlN 陶瓷得以制备，其优良的热学性能和电学性能引起了国内外研究者的广泛兴趣。在随后的二三十年中，人们围绕着如何提高 AlN 陶瓷的热传导性能进行了大量的研究，并取得了显著的成果。

第四阶段：20 世纪 80 年代至今。20 世纪 80 年代以来，人们开始将 AlN 作为基片和封装材料来进行研究，但由于粉末质量不高以及其他技术因素的影响，最初的产品质量并不稳定，工艺重复性也较差。因此，整个 20 世纪 80 年代中，人们围绕着粉体制备、粉体表面抗氧化处理、烧结、提高热导率以及降低成本等许多方面对 AlN 进行了广泛的基础研究。

至 20 世纪 90 年代初，出现了高质量的 AlN 基片和封装材料，而且产品稳定性也逐步提高，目前，AlN 粉体以及基片和封装材料已经实现了商业化生产。

2 AlN 陶瓷的制备

2.1 AlN 粉体的制备

AlN 陶瓷材料的制备工艺和性能均受到粉体特性的直接影响。要获得高性能的 AlN 陶瓷，必须有纯度高、烧结活性好的粉体作为原料。

AlN 陶瓷对金属杂质和氧杂质非常敏感，含有超过 0.02% 的 Si、Fe、Mg 等均会降低 AlN 的热导率和绝缘性能。粉体中的氧杂质对热导率影响最大，杂质氧（以 Al_2O_3 形式）在高温下扩散进入 AlN 晶格（以固溶氧存在）而降低热导率。因此，如何用较低的成本和稳定的工艺来制备高纯、低氧含量、粒度分布均匀的微细粉体，是制备性能优异 AlN 陶瓷的一个关键环节。

AlN 粉体的合成方法有很多，目前研究最多的有 5 种：铝粉直接氮化法、高温自蔓延法、碳热还原法、气相法、有机盐裂解法等。

2.1.1 铝粉直接氮化法

铝粉直接氮化法就是将 Al 粉在氮气（N_2）中加热，直接将 Al 粉氮化反应为 AlN 粉末。反应方程式如下：

$$2Al + N_2 \longrightarrow 2AlN \tag{2-1}$$

Al 和 N_2 在 773K 下开始发生反应，在 773 ~ 873K 时铝颗粒表面氧化膜通过反应，生成挥发性的低价氧化物而被除去。

$$Al_2O_3 + Al \longrightarrow 3AlO \tag{2-2}$$

当达到973K 时，氮化速度明显增大。尽管 Al 在 2767K 才完全气化，但低于此温度时 Al 的蒸气压已经很大，反应很容易进行。图 2-1 给出了 1400 ~ 3000K 度范围内反应（2-1）的自由能的变化。由于 AlN 大约在 2500K 开始分解，高于此温度反应（2-1）的逆反应非常明显，到 2800K 时，$\Delta G = 0$。

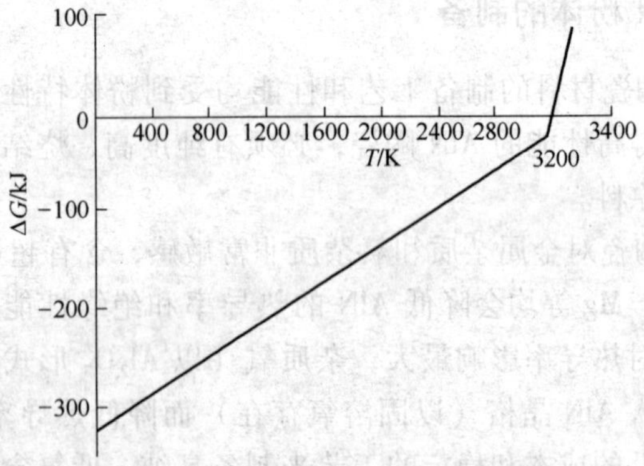

图 2-1 反应（2-1）自由能的变化

反应（2-1）可以进行得很快，1823K 下，只需 2s 就能完成。但是实际生产中往往在较低的温度（ < 1500K）、易于控制的条件下进行反应，这主要是为了提高转化率和防止粉末团聚。由于颗粒表面上逐渐生成的氮化物膜，使氮难以进一步渗透，氮化速度减慢，所以最好进行二次氮化，即一次氮化在 1073K 下进行 1h，产物经球磨后，在 1473K 下进行二次氮化。这样可以制备出均匀的 AlN 粉体。该方法的特点是：由气固扩散控制，需高温长时间反应，属于强放热反应，容易自烧结，质量稳定性差。

但是，由于反应产物往往需要多次粉碎处理和氮化，这样延长了工艺周期，提高了生产成本，而且球磨粉碎过程中易带入杂质，影响 AlN 粉末的纯度。因此，铝粉直接氮化法难以制备出高纯度、细粒度的粉末。正因为传统的直接氮化法制备的 AlN

粉末颗粒不均匀、粒径较粗、纯度不高，无法满足制备高性能 AlN 陶瓷对原料粉末的要求，近年来已较少见到相应的工艺方面的报道。目前，人们主要研究如何提高铝粉的氮化速率和转化率以及消除 AlN 粉末的团聚等方面。

如何提高 AlN 粉末的纯度，是直接氮化法需要解决的重大问题。传统的做法是采用高纯原料，但是高纯铝和高纯氮气，将必然导致成本的提高，这是人们不希望看到的。

Scholz 经过研究发现：采用铝合金（含 0.5% ~5% Li、Mg、Si 等元素）和含少量氧气的氮气进行反应，可以降低反应温度，其中 Li 和 Mg 能显著促进 AlN 的合成，而 Si 的作用不明显，实验结果还表明氮气中氧的存在可以加速氮化反应。该发现转变了人们的思路，因为这个发现提出了截然不同的提高 AlN 粉末的纯度的办法。为了进一步提高反应速率和铝粉的转化率，Komeya 等人深入研究了添加剂 Li、Ca、Y 对铝粉氮化的影响，结果发现，Li 和 Ca 可以提高氮化反应速度，其中 Li 的作用最为明显。主要原因是反应过程中形成了中间化合物 $LiAlO_2$，该化合物在氮化反应温度下会气化，产生的气体从反应层逸出时会在产物表面形成气孔，增加氮气的扩散机会，使得氮气和铝粉反应接触面积增大，氮气能顺利通过已生成的 AlN 层进入内部与铝粉继续反应，从而提高了铝粉的转化率。反应结束后，氮化锂和未反应的锂在氯气中于 700℃ 下进行氯化，生成的氯化锂用碱或其他适当的溶剂从产物中浸出。

直接氮化法还有一个大的缺点是产物易结块、反应不完全。日本的 Kimnra 等人开发了一种悬浮氮化技术，使铝粉悬浮于氮气中通过高温反应区，在高温反应区将铝粉加热并使其氮化，转化成为 AlN。在该工艺中铝粉通过反应区的时间只有 5s 左右，反应区的温度在 1350 ~ 1550℃ 之间，制备出的 AlN 粉末粒径在 0.3 ~ 0.5μm 间。悬浮氮化法在一定程度上克服了直接氮化法产物易结块、反应不完全、粉末粒径偏大的缺点，同时实现了 AlN 粉末连续生产的目的。

2.1.2 高温自蔓延法

高温自蔓延法（SHS）是针对放热反应的反应物，经外加热源点火而启动反应，放出热量，使反应自行维持，并形成燃烧波蔓延传播。自蔓延高温合成法是20世纪60年代由苏联发展起来的一种新型无机难熔材料的制备工艺。由于它在难熔材料合成方面具有合成时间短、能耗低等许多传统方法难以比拟的优点，正日益引起材料学各界的重视。

目前，国内外已经利用这种方法进行AlN粉末合成的研究，将Al粉在高压下被外界热源点燃后，Al和N之间反应所产生的高化学反应热使反应自行维持下去，直到Al粉完全转化成为AlN。

该方法制备的AlN粉除引燃外无需外部热源，不像直接氮化法须将Al粉加热至1000℃以上长时间氮化。

自蔓延高温合成法制备AlN粉末，其实质仍是铝的直接氮化，因此反应式仍为：

$$2Al + N_2 \longrightarrow 2AlN$$

该方法制备AlN粉末不像直接氮化法和碳热还原法需要在高于1000℃的温度下长时间氮化，除引燃外无需外部热源，因而能耗少、生产效率高、成本低。

从文献来看，SHS法所需的氮气（N_2）压力普遍较大，甚至当氮气压力达到180MPa时也没有获得100%的AlN。因此，许多研究者近期把注意力转向了能否在较低的氮气压力下进行合成AlN粉的研究，降低氮气压力随即成为研究的热点。Shyan-Lungchung等以NaN_3、NH_4Cl、NH_4F为固态氮化剂，在较低氮气压力下（0.5MPa）成功合成了氮化率大于99%的AlN粉末。李劲风等在2.5MPa的氮气压力下也获得了氮化基本完全的AlN粉末。

在Al-N_2体系的SHS过程中，与直接氮化一样，由于Al的熔点低，在燃烧合成反应高温下，熔融的 Al 易发生团聚，阻碍 N_2 向粉末内渗透，使得 Al 粉难以氮化完全。采用在 Al 粉中加入一定量的 AlN 作为稀释剂的方法可以阻止熔融 Al 的团聚，改善 N_2 的渗透。

从以上阐述来看，自蔓延法具有如下特点：

(1) 制备过程与设备简单，耗费能源极少。

(2) 可快速并大量生产，成本低廉。

(3) 伴随燃烧所产生的高温可将反应物中易挥发的杂质气化并从反应物中移除，达到纯化的目的。

(4) 可合成各种不同形状结构的产品，如多孔杂块状物、致密粉体等。

(5) 反应过程涉及快速升温及降温，因此产物若为粉体时，可能含有高浓度的结晶缺陷，可提高烧结活性。

(6) 可依不同需求而作适当设计并与其他制备过程相结合，具有相当大的制备过程设计空间。

总的来说，该方法反应速度快、成本低，适于工业化生产；但是反应过程难以控制，产物纯度低。

在国外，俄罗斯已经应用高温自蔓延法进行工业化生产。在国内，钢铁研究总院从俄罗斯引进设备和技术，也能采用该方法生产 AlN 粉末，虽然具体的氮化机理和反应参数影响未见有报道，但北京安泰科技股份有限公司（钢铁研究总院控股）生产的 AlN 粉体市场已经有销售（其生产方法即为高温自蔓延法）。

2.1.3　碳热还原法

碳热还原法是用超细氧化铝粉和高纯度炭黑作为起始原料，经过球磨混合，在流动的氮气气氛中于 1400～1800℃ 利用 C 还原 Al_2O_3，被还原出的 Al 与氮气在流动状态下反应生成 AlN。反应方程式如下：

$$Al_2O_3 + 3C + N_2 \longrightarrow 2AlN + 3CO \quad (2\text{-}3)$$

由式（2-3）可见，碳热还原反应要求 Al_2O_3 与 C 的摩尔比为1∶3，但要想 Al_2O_3 转化完全，则需要更多的碳。加入适当过量的碳，既能加快反应速率，又能提高 Al 粉的转化率，获得粒度均匀、粒径分布适宜的 AlN 粉。但此方法也存在不足之处：首先，过量的碳必须在反应完全之后于600～900℃的干燥空气中进行脱碳处理；其次，反应得到的 AlN 粉末，其质量与氮化的温度与原料的种类和性能有很大的关系，不同种类的原料，其氮化温度相差可达200℃以上。因此，为获得纯度高、粒度细的 AlN 粉，一般选用纳米级的 Al_2O_3 和纳米级的炭黑作为原料。碳热还原法制备 AlN 粉体的工艺中，常加入 CaO、CaF_2、Y_2O_3 等作为催化剂，提高反应速率。添加 AlN 晶种有利于碳热还原反应，可从动力学来进行解释：AlN 晶种的引入加快了碳热还原反应的进行，缩短了达到反应平衡所需要的时间，因而能有效地提高 AlN 粉末的转化率。

大规模采用碳热还原法制备 AlN 粉末具有以下优点：原料来源广，适合规模化生产的特点，合成的粉末纯度高，性能稳定，粉末粒度细小均匀，易于成形、烧结，是一种理想的工业化生产 AlN 粉末的方法。但是该方法也存在着不足，具体表现在对氧化铝和炭黑的性能要求较高，原料难以混合均匀，反应温度高，合成时间长，同时过量的碳在反应之后，还需要在600～700℃的干燥空气中进行脱碳处理，因此，工艺复杂。总之，该方法的特点是：对工艺条件较不敏感，可制备高档粉末；反应温度高，但是需二次除碳，成本高。

为了改善碳热还原法的反应条件和提高粉末质量，国内外许多研究者围绕着碳热还原法进行了大量研究工作，主要集中在原料的准备和氮化工艺等几个方面。

2.1.3.1 原料的选择

原料的选择包括铝源的选择、碳源的选择、添加剂的选择。选择不同种类的原料进行反应，氮化温度可相差达200℃。

不同的铝源对 AlN 的合成有很大的影响。经过系统研究 α、η、θ、γ-Al_2O_3、$Al(OH)_3$ 等不同铝源的反应效果，发现 γ-Al_2O_3 的反应活性最好，各种铝源的反应活性顺序依次是 γ-Al_2O_3 > $Al(OH)_3$ > α，η，θ-Al_2O_3。近年来，人们开始研究直接利用无机铝盐作为铝源合成 AlN 粉末的工艺，并已经成为研究的热点。采用无机铝盐为铝源时，省去制备氧化铝的煅烧工艺，简化了工序，降低了成本，同时，在无机铝盐中铝源以原子或原子团状态与碳源混合，粒度更微细，活性更好。

一般而言，氮化产物 AlN 粉的质量取决于原材料 Al_2O_3 的纯度，通常要求 Al_2O_3 粉中杂质（阳离子）含量不大于 0.02%，其中 Si 和 Fe 的质量含量分别小于 0.001%。而平井伸治等人经过研究发现并非纯度愈高的 Al_2O_3 粉的氮化效果就愈好。该作者认为这是由于原料 Al_2O_3 中的杂质铁含量不同而造成的，杂质铁能充当碳热还原的催化剂与 Al_2O_3 表层发生反应而引起晶格畸变，FeO 又被还原，因而促进反应、降低产物含氧量。

碳源对反应也有重要影响。通常采用的碳源为高纯炭黑粉末，Lefort 的研究结果表明，炭颗粒的粒度对反应速率有重要影响，减小炭颗粒的粒度可加快氮化速率，因此，要求炭颗粒具有高的比表面积、细粒径和良好的孔隙率。在实际的工业应用中，一般选择炭颗粒的平均粒度为 20～30nm，比表面积不小于 $100m^2/g$，粒度更细则更好，但会使成本增加。

通过在反应前的混合粉中加入添加剂可以降低反应温度。添加剂一般采用碱土金属及稀土金属的氧化物或氟化物，以 Y_2O_3、CaO 和 CaF_2 最常用。

2.1.3.2　原材料的配比

使用炭黑作为还原剂时，一般要求碳铝摩尔比大于理论值，这样才能实现铝源的完全转化。但是使用其他物质作为碳源时，碳的比例可以低一些。

通过研究，发现对于该反应体系中所用的碳源种类，不必局限于微细高纯的炭黑和活性炭等无机碳源。研究发现采用液态有机溶剂、热解树脂或蔗糖作碳源时，也能使碳化还原反应完全，并且碳含量也容易控制。对蔗糖而言，Baik 以碳化蔗糖为碳源时，在碳铝摩尔比接近化学计量比的情况下，经过 1600℃ 高温反应 5h，实现了原料中铝源的完全转化。以蔗糖作为碳源时，蔗糖分子在氧化铝颗粒表面形成一个包裹层，碳化时形成多孔状物质包覆在氧化铝颗粒表面，随着温度的升高，蔗糖碳化后产生的碳与 Al_2O_3 物理接触面积较大，从而在接近理论 C/Al_2O_3 比时就能获得高质量的 AlN 粉。因此，减少了碳源的用量，缩短了二次除碳时间，降低了成本。

2.1.3.3 工艺方法及参数的确定

工艺方法及参数包括原料的分散与混合，煅烧方法，氮气的流速和压力，二次除碳等几个关键步骤。

原料混合的均匀程度对反应有重要影响，实现原料的充分分散与混合，可有效减少碳的用量，缩短二次除碳工艺的时间，降低成本。因此，目前均匀细分散的前驱物的制备已经成为碳热还原法合成 AlN 粉末的关键技术之一。针对炭粉与氧化铝粉极性不同，难以混合的特点，有的文献报道采用非极性溶剂（如无水乙醇、乙烷等）作为混料介质，但由于混料介质不易回收，会使粉末生产成本增加。

总之，整个工艺的每一步骤都会对合成粉末的性能以及氮化反应速率和反应温度产生重要影响。合理处理工艺中的每一步对降低碳热还原法合成 AlN 粉末的成本以及提高粉末质量具有非常重要的意义。

目前，福建施诺瑞新材料有限公司等单位已经可以用该方法大规模生产 AlN 粉体。市场上所售 AlN 粉末约 70% 为该方法生产，而且基片和封装材料也多选用该方法制备的粉末为原料。该公司生产的两种型号 AlN 粉体性能如表 2-1 所示。

表 2-1 氮化铝粉体基本性能

颜 色	浅灰至白色		
体积密度/$g \cdot cm^{-3}$	3.26		
分解温度/℃	2450		
晶 型	六 方		
型 号		AlN-Ⅰ	AlN-Ⅱ
化学成分/%	N	>33.0	>32.5
	O	<1.2	<1.5
	C	<0.05	<0.05
	Fe	>1.0	<1.0
	Si	<0.05	<0.05
	Ca	<0.01	<0.01
热导率(烧结后)/$W \cdot (m \cdot K)^{-1}$	120~220		
介电常数	8.0~9.0		
颗粒尺寸/μm	D50/2.0	D97/5.0	

2.1.4 气相法

气相法也称化学气相沉积法或热解法，是基于铝的挥发性化合物与氨的化学反应从气相中沉积制备 AlN 的方法，属于气相法制备陶瓷粉末的一种方法。该方法用 $AlCl_3$ 或烷基铝为原料，与 NH_3 经过两个气相反应过程合成 AlN：

$$AlCl_3 + NH_3 \longrightarrow AlN + 3HCl \tag{2-4}$$

$$4Al + 2NH_3 + N_2 \longrightarrow 4AlN + 3H_2 \tag{2-5}$$

反应（2-4）一般在 873 ~ 1373K 的温度范围内进行，随着温度的升高以及氨气量比例的增加，转化率提高，但反应生成的

HCl 会产生不利影响。反应（2-5）采用烷基铝代替无机铝，反应过程简单，且不会产生 HCl 副产物，生成的烷基会随着反应温度的升高而逐渐失去，且反应温度也比较低，673K 即可迅速完成，生成高纯 AlN 粉。

根据加热方式的不同，化学气相沉积法可以被分为等离子体化学气相沉积法、激光化学气相沉积法以及热化学气相沉积法。而按照源物质的不同，又可分为无机物（卤化铝）和有机物（烷基铝）化学气相沉积法。最常见的是采用 $AlCl_3$ 或铝的金属有机化合物为原料，与 NH_3 反应合成 AlN。

该方法的特点是：易于实现工序连续化，工艺可控；生产出的 AlN 粉末纯度高，粉末粒度和生长速度可控；但该方法生产效率不高，使用有机铝作为原料时价格过高，目前该方法尚难在工业中被广泛采用。

2.1.5　有机盐裂解法

有机盐裂解法是以铝的有机盐为原料合成高纯 AlN 粉体，液态的三烷基铝盐与氨在有机溶剂中反应生成烷基铝酰胺中间体，再将固体分离出来，最后在 400℃ 下加热，使其转变为化学计量的 AlN。反应方程式如下：

$$R_3Al + NH_3 \rightarrow R_3AlNH_3 \rightarrow (R_2AlNH_2) \rightarrow (RAlNH)x \rightarrow AlN \tag{2-6}$$

式中　R——CH_3，C_2H_5，C_4H_9。

该方法的特点是：可连续生产，制备的粉末高纯、超细，原料成本昂贵。

此外，近年来还发展了等离子体法、高能球磨法、微波合成法等新的 AlN 粉制备方法。AlN 粉末制备方法虽然很多，但都存在不足，各种制备方法的比较如表 2-2 所示。因此以较低的成本来合成高质量的 AlN 粉末，仍需要进一步努力地深入研究。

表 2-2 氮化铝粉末主要合成方法的比较

碳热还原法	对工艺条件不敏感，可制备高档粉末；反应温度高，需二次除碳，成本高
自蔓延法	反应速度极快，成本低廉，适用于工业化生产；所得粉体粒径小
直接氮化法	由气固扩散控制，需要高温长时间反应；强放热反应，易自烧结，质量稳定性差
有机盐裂解法	可连续化生产，制备的粉末高纯、超细；原料成本昂贵
气相反应法	工艺可控，能获得高纯度纳米级粉体，但产率低

2.2 AlN 粉体的成型

特种陶瓷的成型技术与方法对于制备性能优良的制品具有重要的意义。特种陶瓷的成型技术与方法比起传统陶瓷来说更加丰富、更加广泛，而且具有不同的特点。同样，AlN 陶瓷成型方法的选择，是根据制品的性能要求、形状、大小、厚薄、产量和经济效益等方面进行的。

传统的陶瓷粉体的成型工艺有模压（干压法）、等静压等多种。干压法、等静压虽然适用制备高性能的块体 AlN 陶瓷材料，但成本高、生产效率低，使其无法满足电子工业对 AlN 陶瓷基片用量日益增长的需求。

目前，常用的陶瓷基片成型方法主要有干压法、轧膜法和流延成型方法。

2.2.1 干压法成型

干压法成型是氮化铝块状体陶瓷常用的一种成型方法，AlN 陶瓷基片也可以采用此方法。它是在外力的作用下，让颗粒在模具空间内靠近，靠内摩擦力牢固地联结起来。

干压法成型包括单面加压和双面加压两种方式。单面加压的模具比较简单，但压制后的坯体致密度不高，也不均匀，越在模具下方，其坯体致密度就越差。双面加压可以改善这种状态，但模具结构比较复杂。通常，坯体的高度越小，其密度的均匀性越好。在双面加压时，如果在模具内壁施加润滑剂，可以改善坯体的密度均匀性。这主要是因为压制过程中发生颗粒移动与颗粒重排，在颗粒之间、颗粒与模壁之间产生摩擦力，这种摩擦力会阻碍压力的传递，离加压面越远的坯体受到压力越小，密度越小。密度的不均匀会造成烧成时坯体各部位收缩的不一致，引起产品变形与开裂。

干压法成型是在压力作用将粉料压制成一定形状的坯体。粉料的特性，尤其是充填特性对压制过程有十分重要的作用：考虑球形颗粒的填充，当球颗粒等大时，规则排列时的最大填充率为立方密堆和六方密堆的 74.05%，而不规则排列时的最大致密度为 63.7%。陶瓷粉体显然是一种不规则排列。在等大球填充生成的空隙中进一步填充小球，可以获得紧密的填充，当空隙中不是填充一个小球时，可以得到更为密实的填充。在干压法成型中要经常考虑粉料的颗粒配合，采用多级颗粒配合可以减少空隙率，提高堆积密度。

干压法成型的最普通的形状是薄板和圆片，它也适合于简单形状制品的成型。

干压成型在特种陶瓷生产中是比较常用的成型方法，因为它工艺简单，操作方便，周期短，效率高，便于实现自动化生产，此外，坯体密度大，尺寸精确，收缩小，机械强度高，电性能也好。但干压成型对大型坯体生产有困难，模具磨损大，加工复杂，成本高，并且加压只能上下加压，压力分布不均，致密度不均，会产生开裂、分层等现象。随着现代化成型方法的发展，这一缺点为等静压成型所克服。

2.2.2　等静压成型

冷等静压是指在常温下对密封于塑性模具中的粉料各向同时施压的一种成型工艺技术。

20 世纪 60 年代中期，在英国率先开展了等静压技术的研究。至 70 年代早期，在德国有了进一步的发展。在此之后，世界各国竞相开发和应用这一新成型方法，以提高陶瓷制品的性能。在国内，80 年代起已有许多研究所、工厂应用这一成型技术，除了特种陶瓷大量采用外，日用陶瓷以及其他普通陶瓷等也都在积极推广，等静压成型在陶瓷上的应用已是大势所趋。

与前述常规机械模压相比，等静压过程中粉料颗粒与塑性包套接触的表面在成型期间无相对位移，因此不存在模壁摩擦作用，即使对于塑性包套中有刚性模件的情况，其粉料颗粒与刚性模面之间的摩擦作用也远低于常规模压。可以认为，在等静压过程中，成型压力不受或很少受到模壁摩擦力的抵消，成型压力通过包套壁在各个方向作用于粉料，因此所得到的致密性比常规模压高，而且均匀。

等静压成型的特点如下：

（1）由于坯体所受压力均匀而且较大，因而烧结后的瓷件孔隙少、密度高、性能好。

（2）可以少用或不用黏结剂，不用经过干燥、缩短产品操作时间，减少工序，降低成本。

（3）生坯强度大，宜于机械加工。

（4）坯体尺寸完整、精确、表面粗糙度低，烧成瓷件尺寸可控、精度高、一致性好。

（5）可以成型以一般方法不能生产的形状复杂、大件及细长的制品，而且成型质量高。

（6）模具制作方便，寿命长，成本较低。

等静压成型方法有冷等静压和热等静压两种类型，冷等静压又分为湿式等静压和干式等静压。它是将预压好的坯料包封在弹性的橡胶模具或塑料模具内，然后置于高压容器施以高压液体，压力通常在 100MPa 以上，成型坯体。其特点是模具处于高压液体中，各方受压，所以叫做湿式等静压。这种方法主要适用于成型多品种、形状复杂、产量小和大型的制品。

干式等静压相对于湿式等静压，其模具并不都是处于液体之中，而是半固定式的，坯料的添加和坯件的取出，都是在干燥状态下操作，因此叫干式等静压。干式等静压更适合于生产形状简单的长形、壁薄、管状制品，如果稍作改进，就能运用于连续自动化生产。

2.2.3　流延成型

近年来人们研究采用流延法（Tape-casting）成型 AlN 陶瓷基片。轧膜和流延成型方法是典型的非水剂方法，可直接用于 AlN 陶瓷的生产，由于流延法成型具有可连续操作、生产效率高、适宜工业生产的优点，因此，流延法已成为电子工业用 AlN 陶瓷基片的主要成型工艺，采用流延法成型的 AlN 陶瓷的热导率已达 140W/(m · K)。

流延成型法也称刮刀成型法，是一种重要的成型方法，是生产单层电容器和多层陶瓷基片的支柱技术，也是生产电子元器件的必要技术。此外，流延成型技术还可以用于造纸、塑料和涂料等行业。该工艺由 Glenn N. Howatt 于 1947 年首次提出并于 1952 年获得专利。流延成型的具体工艺是首先把陶瓷粉体和分散剂在特定的溶剂介质中球磨、超声或机械搅拌混合一段时间，待分散均匀后加入黏结剂、塑性剂进行二次球磨混合，得到分散良好、稳定的浆料。成型时浆料从料斗下部流至载带之上，通过载带和刮刀的相对移动形成素坯膜。素坯膜和载带一起进入烘干室，溶剂蒸发，有机黏结剂在陶瓷颗粒间形成网络结构，形成具有一定强度和韧性的素坯膜。在储存过程中使残留溶剂分布均匀，消除湿度梯度。然后按照所需形状切割、冲片或打孔，最后排胶和烧结得到符合所需特性要求的陶瓷基片。流延成型的浆料主要由陶瓷粉末、溶剂、分散剂、黏结剂、塑性剂和其他功能助剂等六个主要部分组成，他们在浆料中的功能和作用各不相同，而且相互影响。表 2-3 列出了这六个部分材料的功能。

表 2-3 流延成型浆料组分的功能

组 分	功 能
陶瓷粉体	提供所希望的陶瓷性能
溶 剂	溶解分散剂、黏结剂、塑性剂以及其他功能助剂—分散陶瓷粉料颗粒—决定浆料黏度
分散剂	分散粉料颗粒在颗粒表面吸附
增塑剂	柔性聚合物膜-溶解有机组分
黏结剂	相互连接粉料颗粒，提供生带强度，保证层的形成，控制流变行为
其他功能助剂	使粉料和基体润湿特种助剂；絮凝、消泡，控制浆料黏度和干燥絮凝

但是流延法只适宜用作片状材料的形成，无法满足 AlN 陶瓷的复杂形状成型要求，同时由于陶瓷材料固有的韧性低且难加工的缺点，使得用传统的机械加工方法也难以制备复杂形状的陶瓷零部件，这大大限制了 AlN 陶瓷在一些特殊场合的应用。

2.2.4 注射成型

为了充分发挥 AlN 陶瓷的性能优势，拓宽它的应用范围，国内外已有研究者开始研究并应用 AlN 陶瓷的注射成型工艺。该成型技术不仅能够满足复杂形状零部件成型的要求，同时具有低成本、低消耗以及产品组织均匀、性能优良等优点，它为 AlN 陶瓷的性能与应用找到了一个很好的结合点。因此，AlN 陶瓷注射成型技术是目前一个研究热点。

注射成型是将瓷粉和有机黏结剂混合后，经注射成型机，在 130 ~ 300℃温度下将泥料注射到金属模腔内。待冷却后，黏结剂固化，便可取出毛坯而成型。

注射成型法可以成型形状复杂的制品，包括壁薄 0.6mm、带侧面型芯孔的复杂零件。毛坯尺寸和烧结后实际尺寸的精确度高，尺寸公差在 1% 以内，而模压成型为 ±1% ~2%，注浆成型法 15%。注射成型工艺的周期为 10～90s，工艺简单，成本低，压坯密度均匀，适于复杂零件的自动化大批量生产。但是它脱脂时间较长（为 72～96h），金属模具费用昂贵，设计较困难。

注射成型法已用于制造陶瓷汽轮机部件（动叶片、静叶片、燃烧器等）、汽车零件、柴油机零件。本法除用于氧化铝、碳化硅等陶瓷材料的成型外，还用于粉末冶金零件的制造。

2.2.4.1　注射成型机的结构

注射成型机由可塑化机构（或注射机构）、合模机构、油压机构及电子、电气控制机构所组成。注射成型机的形式因塑化机构内部结构不同有两种，一种是注塞式，一种是液压螺杆式，以液压螺杆式性能较为优越性。按压力大小分则有高压注射成型机（压力为 18～21MPa）和低压注射成型机（压力为 3MPa）两种。

2.2.4.2　工作原理

注射成型机的基本原理是将陶瓷粉末加入热塑性树脂、石蜡、增塑剂与溶剂等，预先加热混匀再在注射成型机内加热（160～180℃）、熔融、混炼，然后再从喷嘴高速喷注入金属模腔内，在极短时间内（约 0.4s）冷却固化而成型。它与塑料成型的注塑机原理相似，但由于陶瓷粉料较硬，以致对液压螺杆磨损较大，故对螺杆材料要作特殊选择及处理。

2.2.4.3　性能特点

注射式成型机能在极短时间内将含水为 19%～25% 的塑性坯泥高速喷注入金属模具成型，具有效率高、成型质量好等特点。

注射成型法与金属压力铸造方法类似，所制得的坯体尺寸小、精度高、表面光洁度高，可制造形状复杂的批量生产的产品。

2.3　AlN 陶瓷的烧结

2.3.1　引言

尽管 AlN 陶瓷的优异性能使其具有广泛的应用前景，但目前过高的价格使其在工程化、产业化、商品化等方面受到了限制。这主要归结于以下几个原因：

首先，化合物 AlN 在自然界并不存在，必须由人工合成。而现有的大多数人工合成 AlN 粉体比较昂贵，导致了 AlN 陶瓷的使用成本大幅度上升。

其次，与其他大多数氮化物一样，AlN 是高熔点的强共价化合物，难以烧结致密，必须加入添加剂并且通常在 1650℃ 以上的高温进行烧结以获得高致密度和其他优良性能，因而导致制造成本居高不下。

第三，多晶 AlN 陶瓷的热导率与原料性质、工艺过程（包括添加剂性质、数量、烧结温度、保温时间等）及显微结构有着密切关系，其值可以为 10～260W/(m·K)不等，因此必须选取合适的原料和添加剂，严格控制烧结条件，才能制备出具有优良性能的 AlN 陶瓷。

因此，尽管众多研究者仍致力于研究 AlN 陶瓷的热导率与原料性质、工艺过程、显微结构等的关系，并致力于高热导率 AlN 陶瓷的制备。然而，上述种种限制因素促使在保证一定性能的前提下制备低成本的致密 AlN 陶瓷成为研究热点之一。

AlN 陶瓷属于多晶体陶瓷材料，其性能不仅与化学组成有关，而且还与材料的显微结构密切相关。当粉体质量、成型等工序完成后，烧结是使材料获得预期的显微结构，赋予材料各种性能的关键步骤。陶瓷的烧结就是其坯体在高温下的致密化过程。随着温度的上升和时间的延长，晶粒长大，空隙和晶界渐趋减少，通过物质的传递，其总体积收缩，密度增加，最后成为坚硬的具有某种显微结构的多晶烧结体，这种过程就是陶瓷的烧结。烧结是减少成型体小气孔，增加颗粒之间结合，提高机械强度的工艺过程，在烧结过程中，随着温度升高和热处理时间延长，气孔不断减少，颗粒之间结合力不断增加，当达到一定温度和一定热处理时间，颗粒之间结合力呈现极大值。在热力学上，所谓烧结是指系统总能量减少的过程。

AlN 属于共价化合物，熔点高，原子自扩散系数小，因此，纯净的 AlN 粉末在通常的烧结温度下很难烧结致密，而致密度不高的材料很难具有高的热导率。除了致密度外，另一个影响 AlN 陶瓷热导率的重要因素是杂质含量，尤其是氧含量。由于 AlN 对氧有强烈的亲和力，部分氧会固溶入 AlN 的点阵中，从而形成铝空位。产生的铝空位散射声子，降低了声子的平均自由程，进一步导致热导率下降。因此，要制备高热导率的 AlN 陶瓷，在烧结工艺中必须解决两个问题：第一是要提高材料的致密度；第二是在高温烧结时，要尽量避免氧原子溶入 AlN 的晶格中。应用于 AlN 烧结的工艺主要有：常压烧结、热压烧结、反应烧结、放电等离子烧结、微波烧结、高压烧结等。

2.3.2　常压烧结

常压烧结即对材料不进行加压而使其在大气压力下烧结，即自然大气条件下，置于可加热的窑炉中，在热能作用下，坯体由粉末聚集体变成晶粒结合体，多孔体变成致密体。它是烧结工艺中最传统的、最简便的、使用最广泛的一种方法。它包括了在空气条件下的常压烧结和某种特殊气体气氛条件下的常压烧结。就普通陶瓷材料而言，一般是在氧化气氛下烧结，和空气组成差别不大，也可以看作大气条件下的常压烧结。

对于在空气中难以烧结的陶瓷制品（如透光体或非氧化物）常用气氛烧结法。这种方法是在炉内通入一定气体，形成所要求的气氛，使制品在特定的气氛下烧结。根据不同材料可选用氢、氮、氩或真空等不同气氛。用这种方法可防止陶瓷材料在高温下的氧化，可起到促进烧结、提高制品致密度、提高物理性能的作用。目前高压钠蒸气灯用的透光体就是在真空或氢气中烧结的。

常压烧结的设备有隧道窑、钟罩窑和箱式窑炉等。特种陶瓷的常压窑炉通常烧结温度较高，达 1500 ~ 2000℃。在空气中加热的常用氧化硅、MoSi 等材料，而在真空中或保护气氛中加热，则选用钨、钼和钽等金属电阻材料和石墨电阻。

最常见的 AlN 粉体烧结方法是常压烧结。常压烧结是陶瓷烧结工艺中最简单的一种烧结方法。它是指在正常压力（0.1MPa）下，具有一定形状的陶瓷素坯在高温下经过物理化学过程变为致密、坚硬、体积稳定的、具有一定性能的烧结体的过程。烧结驱动力主要是自由能的变化。美国犹他大学的 A. V. Virkar 等人系统研究了 AlN 的无压烧结，以 Y_2O_3 等稀土氧化物为添加助剂在 1850℃ 烧结 1000min 获得了致密度 3.31 g/cm^3、热导率达 232W/(m·K)的 AlN 陶瓷。国内清华大学的周和平等人以 B_2O_3-Y_2O_3 为助烧结剂进行无压烧结，在 1850℃ 下获得了密度为 3.26g/cm^3、热导率达 189W/(m·K)的 AlN 陶瓷。中国科学院上海硅酸盐研究所的徐笑雷等人在 AlN 粉体中添加 5% 的 $YLiO_2$ 和 0.5% 的 CaF_2，在 1675℃ 下保温 6h 得到了密度为3.29g/cm^3、热导率为 97W/(m·K)的中等性能的 AlN 陶瓷。

无压烧结所需设备相对简单，但一般所需的烧结温度高，烧结时间长，烧结体的密度较低。

2.3.3 反应烧结

反应烧结（Reaction bonding），又称活化烧结或强化烧结。通过添加物的作用，使反应与烧结同时进行的一种烧结方法，它是通过化学反应在完成规定成分的合成同时实现致密化烧结的一种新工艺。该方法可以使用低成本原材料，并可合适地引入第二相颗粒。在相对较低的温度下实现烧结，特别是材料在烧结后收缩极小，可以通过坯体的原始形状来获得构件的最终设计，从而大大降低成本。因此，反应烧结技术是一种很有潜力的制备技术。

此法与普通烧结法比较，有如下两个主要特点：

（1）能够提高制品质量，烧成的制品不收缩，尺寸不变化。

（2）反应速度很快，因为传质和传热过程贯彻在烧结全过程。

普通烧结法物质迁移过程发生在坯体颗粒与颗粒的局部，反应烧结法物质迁移过程发生在长距离范围内，分为液相反应烧结和气相反应烧结两类，采用前一类的居多。

反应烧结的成功实例主要有反应烧结氮化硅和反应烧结碳化硅。

反应烧结氮化硅（RBSN）是把 Si 的微细粉末的成型体在氮气中加热，通过反应得到氮化硅的烧结体。若在 Si 预型体中加入 C 或 SiC，氮化后即可获得 Si_3N_4-SiC 复合材料。Travitzky 等通过对 RBSN 用金属如 Al 及 Al 合金浸渗以填充空隙，制备了浸渗金属的 RBSN 复合材料，而且这种材料具有比 RBSN 高得多的力学性能。Yasutomi 等人利用 TiN/Si 及 Al_2O_3/Si 的成型体通过氮化得到近乎没有收缩的反应烧结体。上海硅酸盐研究所利用硅粉氮化研制了氮化硅复合陶瓷，并用它制备了汽车发动机的活塞顶，装配到无冷却的发动机上长时间使用效果较好。

烧结氧氮化硅坯件时添加硅、二氧化硅和氟化钙（或氧化钙、氧化镁等玻璃相形成剂）同氮反应生成二氮氧化二硅（Si_2ON_2），氧化钙、氧化镁等同二氧化硅形成玻璃相，氮溶解在熔融体（玻璃相）中；Si_2ON_2 晶体从被氮饱和的玻璃相中析出。这样制出的氧氮化硅的密度可相当于理论密度的 90% 以上。

反应烧结 SiC(RBSC)是利用含 C 粉和 SiC 粉的成型体与 Si 气相或液相在高温下反应，得到 SiC + Si 的烧结体。原料中的 C 与外部来的 Si 反应，一方面生成 SiC，一方面引起致密化，反应烧结后烧结体的气孔进一步由 Si 填充，所以可以得到致密且收缩极小的烧结体，应用于各个领域。

反应烧结技术以往只限于制备非氧化物陶瓷。尽管人们对金属氧化的研究有很长的历史，但由于金属氧化膜很稳定，如 Al 的氧化膜到 1500℃ 都稳定，很难用氧化反应制备陶瓷。直到 1989 年，德国汉堡工业大学的 Claussen 等人才用 Al 的氧化反应成功地制备了反应烧结氧化铝陶瓷。反应烧结氧化铝（RBAO）技术与 DMO 不同，不需要在金属中加入合金元素破坏氧化膜，它是通过 Al 的固-气、液-气反应来进行，与合金元素无关，在低于 1000℃ 时 Al 可完全转化为 Al_2O_3，用此技术可制备低收缩

高强度的 Al_2O_3 基复合材料。

反应烧结是利用 Al 与 N_2 的放热反应（$\Delta H_{298}=-319.6$kJ/mol）使反应自发生成 AlN 并烧结在一起。

这种烧结方法为早期 AlN 陶瓷的烧结所用。研究表明：氮化反应在 500℃就开始了，在 700℃即已完成。烧结致密度随 Al 粉添加量的增加而提高，但在 600℃达最大值，之后直到 1400℃不再有明显提高。烧结过程及机理的进一步研究表明，Al 粉与 N_2 的反应开始温度在 580～600℃，由于 Al 的氮化反应为放热反应，在整个成型体内反应连锁进行，温度瞬时上升。一方面，分散成型体各部分的 Al 与 N_2 反应生成 AlN，并与邻近 AlN 颗粒经固相反应，扩散而烧结在一起；另一方面，温度升高超过 Al 的熔点（600℃）使 Al 粉熔融在一起，增大了其比表面积，使氮化反应难以继续进行。为此，必须使反应控制在 Al 的熔点以下。然而，自燃反应是无法控制烧结温度的，故只能降低 Al 粉在混合体的比例，一般将 Al 的最大添加量控制在 20%。尽管如此，反应烧结法仍难以得到致密的烧结体。这种烧结方法被用来制造坩埚等耐腐蚀、高强度的制品，但不适合制造高导热基板。

2.3.4 放电等离子烧结

放电等离子烧结（Spark Plasma Sintering，SPS）又称为等离子体活化烧结（Plasma Activated Sintering，PAS），是 20 世纪 90 年代发展并成熟的一种烧结技术。

早在 1930 年，美国科学家就提出了脉冲电流烧结原理，但是直到 1965 年，脉冲电流烧结技术才在美、日等国得到应用。日本获得了 SPS 技术的专利，但当时未能解决该技术存在的生产效率低等问题，因此 SPS 技术没有得到推广应用。1988 年，日本研制出第一台工业型 SPS 装置，并在新材料研究领域内推广应用。1990 年以后，日本推出了可用于工业生产的 SPS 第三代产品，具有 10～100t 的烧结压力和脉冲电流 5000～8000A。最近又研制出压力达 500t，脉冲电流为 25000A 的大型 SPS 装置。

由于 SPS 技术具有快速、低温、高效率等优点，近几年国外许多大学和科研机构都相继配备了 SPS 烧结系统，并利用 SPS 进行新材料的研究和开发。1998 年瑞典购进 SPS 烧结系统，对碳化物、氧化物、生物陶瓷等材料进行了较多的研究工作。目前，世界上共有 SPS 装置 100 余台，如日本东北大学和大阪大学、美国加州大学、瑞典斯德哥尔摩大学、新加坡南洋理工大学等，相继购置了 SPS 系统。

国内近三年也开展了用 SPS 技术制备新材料的研究工作，引进了数台 SPS 烧结系统，主要用来烧结纳米材料和陶瓷材料。SPS 作为一种材料制备的全新技术，已引起了国内外的广泛重视。

SPS 是利用放电等离子体进行烧结的。等离子体是物质在高温或特定激励下的一种物质状态，是除固态、液态和气态以外，物质的第四种状态。等离子体是电离气体，由大量正负带电粒子和中性粒子组成，并表现出集体行为的一种准中性气体。

等离子体是解离的高温导电气体，可提供反应活性高的状态。等离子体温度为 4000 ~ 10999℃，其气态分子和原子处在高度活化状态，而且等离子气体内离子化程度很高，这些性质使得等离子体成为一种非常重要的材料制备和加工技术。

等离子体加工技术已得到较多的应用，例如等离子体 CVD、低温等离子体 PVD 以及等离子体和离子束刻蚀等。目前等离子体多用于氧化物涂层、等离子刻蚀方面，在制备高纯碳化物和氮化物粉体上也有一定应用。而等离子体的另一个很有潜力的应用领域是在陶瓷材料的烧结方面。

产生等离子体的方法包括加热、放电和光激励等。放电产生的等离子体包括直流放电、射频放电和微波放电等离子体。SPS 利用的是直流放电等离子体。

SPS 装置主要包括以下几个部分：轴向压力装置，水冷冲头电极，真空腔体，气氛控制系统（真空、氩气），直流脉冲电源及冷却水、位移测量、温度测量和安全等控制单元。SPS 的基本结构如图 2-2 所示。

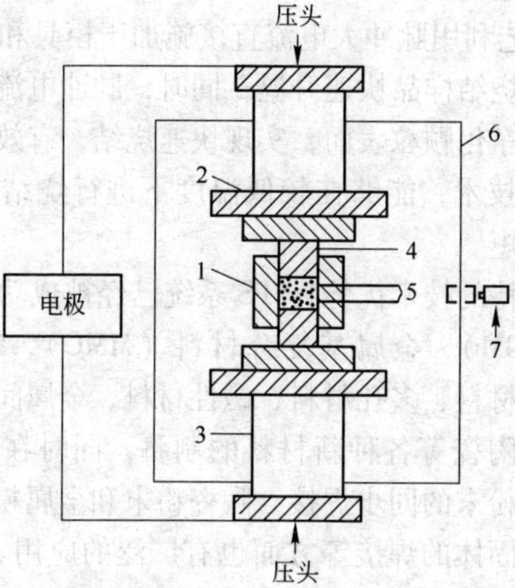

图 2-2 放电等离子烧结设备结构图

1—烧结模具；2—石墨板；3—冲锤；4—石墨冲床；
5—试样；6—开关式脉冲发电机；7—光学温度计

SPS 与热压（HP）有相似之处，但加热方式完全不同，它是一种利用通-断直流脉冲电流直接通电烧结的加压烧结法。通-断式直流脉冲电流的主要作用是产生放电等离子体、放电冲击压力、焦耳热和电场扩散作用。在 SPS 烧结过程中，电极通入直流脉冲电流时瞬间产生的放电等离子体，使烧结体内部各个颗粒均匀地自身产生焦耳热并使颗粒表面活化。与自身加热反应合成法和微波烧结法类似，SPS 是有效利用粉末内部的自身发热作用而进行烧结的。这种放电直接加热法，热效率极高，放电点的弥散分布能够实现均匀加热，因而容易制备出均质、致密、高质量的烧结体。SPS 烧结过程可以看作是颗粒放电、导电加热和加压综合作用的结果。除加热和加压这两个促进烧结的因素外，在 SPS 技术中，颗粒间的有效放电可产生局部高温，可以使表面局部熔化、表面物质剥落；高温等离子的溅射和放电冲击清除了粉末颗粒表面杂质（如去除表层氧化物等）和吸附的气体。电场的作用是加快扩散过程。

SPS 的工艺利用脉冲大电流直接施加于模具和样品上，产生体加热，使被烧结样品快速升温；同时，脉冲电流引起颗粒间的放电效应，可净化颗粒表面，实现快速烧结，有效地抑制颗粒长大。使用 SPS 技术，能够在较低温度下进行烧结，且升温速度快，烧结时间短。

利用其独特的技术优势，SPS 系统已经被成功地应用于梯度功能材料（FGM）、金属基复合材料（MMC）、纤维增强陶瓷（FRC）、纳米材料、多孔材料、磁性材料、金属间化合物和高致密度、细晶粒陶瓷等各种新材料的制备，同时在硬质合金的烧结，多层金属粉末的同步焊接，陶瓷粉末和金属粉末的焊接以及固体—粉末—固体的焊接等方面也有广泛的应用。目前在国外，尤其是在日本，用 SPS 制备新材料的研究较多，部分产品已投入生产。SPS 的工艺优势十分明显：加热均匀，升温速度快，烧结温度低，烧结时间短，生产效率高，产品组织细小均匀，能保持原材料的原始状态，可以得到高致密度的材料，可以烧结梯度材料以及复杂工件等。

与 HP 和 HIP 相比，SPS 装置操作简单、不需要专门的熟练技术。例如，生产一块直径 100mm、厚 17mm 的不锈钢梯度材料用的总时间是 58min，其中升温时间 28min、保温时间 5min 和冷却时间 25min。与 HP 相比，SPS 技术的烧结温度可降低 100～200℃。

Groza 等人利用等离子活化烧结技术在 1730℃、50MPa 的条件下，只用短短的 5min 便烧结出相对密度为 99.3% 的 AlN 陶瓷材料。由于烧结时间短，所以材料晶粒细小，平均粒径约为 0.77μm。刘军芳使用 SPS 对在不同烧结温度、不同升温速率、不同保温时间和不同气氛下烧结 AlN 进行了研究，在 1730℃时即获得高致密的 AlN 陶瓷。Liang Qiao 等利用 SPS 技术，在 1600℃下烧结 5min，得到致密度达 99.5% 的烧结体，但是烧结体的热导率经过测定仅仅只有 56W/(m · K)，大大低于使用传统方法制备的 AlN 陶瓷，Liang Qiao 认为这是由于 SPS 烧结造成晶粒十分细小而限制了烧结体的热导率。K. A. Khor 等人利用 SPS 烧结纯 AlN 粉体及添加了 CaF_2 的 AlN 粉体。结果表明，对于纯的 AlN 陶瓷，其热导率受密度影响很大，热导率值随着相对密度值的上升而上升，在 1700 ~ 1800℃ 烧结 5min 得到的 AlN 烧结体的热导率达到极值，约为 60W/(m · K)。对于添加 CaF_2 的 AlN 粉末，其烧结体的热导率与密度也有类似的关系，但烧结温度在 1700℃ 以上时，热导率有显著提高。添加了 3% CaF_2 的 AlN 粉在 1800℃ 下烧结 5min 得到的烧结体热导率为 129W/(m · K)。K. A. Khor 添加 3% 的 Sm_2O_3 的 AlN 粉体在 1500℃ 下保温 3min,得到的 AlN 陶瓷热导率达到 118W/(m · K)。上述研究表明，SPS 烧结工艺可以快速制备高热导率和高致密度的 AlN 陶瓷。

2.3.5 微波烧结

微波烧结是利用在微波电磁场中材料的介电损耗使材料整体加热至烧结温度而实现烧结的技术。微波烧结自 20 世纪 70 年代被引入陶瓷领域以来，广泛受到研究者的关注。微波烧结机理独特，具有整体性加热、加热效率高、升温速度快等特点，可提高致密化速度，并有效抑制晶粒生长，获得常规烧结无法实现的独特的性能和结构，近年来已经成为材料烧结领域里新的研究热点。

材料的微波烧结开始于 20 世纪 60 年代中期，W. R. Tinga 首先提出了陶瓷材料的微波烧结技术；到 70 年代中期，法国的 J. C. Badot 和 A. J. Berteand 开始对微波烧结技术进行系统研究。80 年代以后，各种高性能的陶瓷和金属材料得到了广泛应用，相应的制备技术也成了人们关注的焦点，微波烧结以其特有的节能、省时的优点，得到了美国、日本、加拿大、英国、德国等发达国家的政府、工业界、学术界的广泛重视，我国也于 1988 年将其纳入“863”计划。在此期间，主要探索和研究了微波理论、微波烧结装置系统优化设计和材料烧结工艺、材料介电参数测试，材料与微波交互作用机制以及电磁场和温度场计算机数值模拟等，烧结了许多不同类型的材料。90 年代后期，微波烧结已进入产业化阶段，美国、加拿大、德国等发达国家开始小批量生产陶瓷产品，其中，美国已具有生产微波连续烧结设备的能力。国内目前仅有 SYNOTHERM 自 2002 年由归国博士彭虎等人组建了专家团队在国内融资成立了长沙隆泰微波，进行了较大的投入对材料微波工艺研究，实现了部分高温领域实验与产业化工业微波装备的研制实施和应用。国内其他从事微波产业化设备的机构与企业主要针对低温微波杀菌、硫化等食品、医药、木材等行业。微波烧结设备见图 2-3。

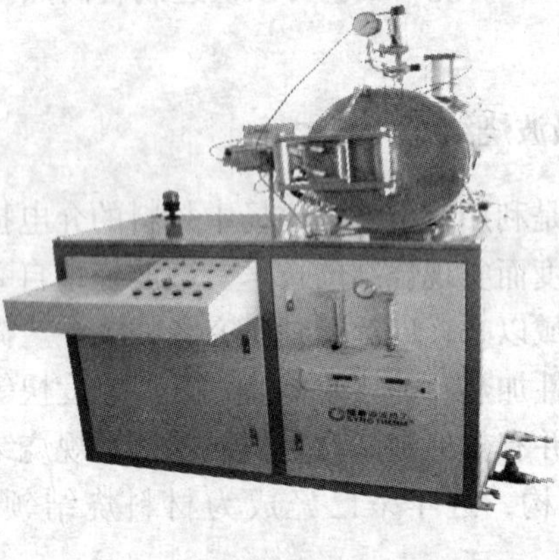

图 2-3　微波烧结设备

2.3.5.1　微波烧结的技术原理

微波烧结是利用微波加热来对材料进行烧结。它同传统的加热方式不同。传统的加热是依靠发热体将热能通过对流、传导或辐射方式传递至被加热物而使其达到某一温度，热量从外向内传递，烧结时间长，也很难得到细晶。而微波烧结则是利用微波具有的特殊波段与材料的基本细微结构耦合而产生热量，材料的介质损耗使其材料整体加热至烧结温度而实现致密化的方法。

A 材料中的电磁能量耗散

材料对微波的吸收是通过与微波电场或磁场耦合，将微波能转化热能来实现的。黄向东等利用麦克斯韦电磁理论，分析了微波与物质的相互作用机理，指出介质对微波的吸收源于介质对微波的电导损耗和极化损耗，且高温下电导损耗占主要地位。在导电材料中，电磁能量损耗以电导损耗为主。而在介电材料（如陶瓷）中，由于大量的空间电荷能形成的电偶极子产生取向极化，且相界面堆积的电荷产生界面极化，在交变电场中，其极化响应会明显落后于迅速变化的外电场，导致极化弛豫。此过程中微观粒子之间的能量交换，在宏观上就表现为能量损耗。

B 微波促进材料烧结的机制

研究结果表明，微波辐射会促进致密化，促进晶粒生长，加快化学反应。这是因为在烧结中，微波不仅仅只是作为一种加热能源，微波烧结本身也是一种活化烧结过程。M. A. Janny 等首先对微波促进结构的现象进行了分析，测定了高纯 Al_2O_3 烧结过程中的表观活化能 E_a，发现微波烧结中 E_a 仅为 170kJ/mol，而在常规电阻加热烧结中 E_a = 575kJ/mol，由此可推测微波促进了原子的扩散。M. A. Janny 等进一步用 180 示踪法测量了 Al_2O_3 单晶的扩散过程，也证明微波加热条件下扩散系数高于常规加热时的扩散系数。S. A. Freeman 等的实验结果表明，微波场具有增强离子电导的效应。认为高频电场能促进晶粒表层带电空位的迁移，使晶粒产生类似于扩散蠕动的塑性变形，从而促进了烧结的进行。

Birnboin 等分析了微波场在两个相互接触的介电球颗粒间的分布，发现在烧结颈形成区域，电场被聚焦，颈区域内电场强度大约是所加外场的 10 倍，而颈区空隙中的场强约是外场的 30 倍。并且，在外场与两颗粒中心连线间 0°～80°的夹角范围内，都发现电场沿平行于连线方向极化，从而促使传质过程以极快的速度进行。另外，烧结颈区受高度聚焦的电场的作用还可能使局部区域电离，进一步加速传质过程。这种电离对共价化合物中产生加速传质尤为重要。上述研究结果表明，局部区域电离引起的加速度传质过程是微波促进烧结的根本原因。

2.3.5.2　微波烧结的技术特点

微波烧结的技术特点主要有以下几点：

(1) 微波与材料直接耦合，整体加热。由于微波的体积加热，得以实现材料中大区域的零梯度均匀加热，使材料内部热应力减小，从而减少开裂、变形倾向。同时由于微波能被材料直接吸收转化为热能，所以，能量利用率极高，比常规烧结节能80%左右。

(2) 微波烧结升温速度快，烧结时间短。某些材料在温度高于临界温度后，其损耗因子迅速增大，导致升温极快。另外，微波的存在降低了活化能，加快了材料的烧结进程，缩短了烧结时间。短时间烧结晶粒不易长大，易得到均匀的细晶粒显微结构，内部孔隙少，孔隙形状比传统烧结的圆，因而具有更好的延展性和韧性。同时，烧结温度亦有不同程度的降低。

(3) 微波可对物相进行选择性加热。不同的材料、不同的物相对微波的吸收存在较为显著的差异，因此，可以通过选择性加热或选择性化学反应获得具有新结构的材料。还可以通过添加吸波物相来控制加热区域，也可利用强吸收材料来预热微波透明材料，利用混合加热烧结低损耗材料。此外，微波烧结易于控制、安全、无污染。

徐耕夫等用微波烧结工艺对添加3% Y_2O_3 的 AlN 粉体进行了烧结，在1600℃保温4min得到致密度达98.7%的烧结体，且内部晶粒细小，结构均匀，热导率达160～225W/(m·K)。葛晓辉等人使用 Nd_2O_3-CaF_2-B_2O_3 作烧结助剂，用微波在1250℃低温烧结下，成功得到了热导率为66.4W/(m·K)的 AlN 陶瓷。可见，利用微波可以实现低温快速烧结，且可以获得烧结致密度高、热导率较高的 AlN 陶瓷。

2.3.6 热压烧结

热压烧结（Hot Pressed Sintering）是将干燥粉料充填入模型内，再从单轴方向边加压边加热，使成型和烧结同时完成的一种烧结方法。

作为陶瓷烧结手段，利用来自于表面能的表面应力而达到致密化的常压烧结法虽是一般常用的方法，但是，不依赖于表面应力，而在高温下借助于外压的方法，也是可以采用的。这就是称为热压法烧结的原因。广义来说，在加压下进行烧结的方法包括所有这类方法，超高压烧结和热等静压（HIP）烧结也属于这类方法。不过，一般都作为在高温下施加单轴压力进行烧结的方法来理解。

热压烧结具有如下特点：热压烧结是在加热粉体的同时，又对粉体施加压力，利用通电产生的焦耳热和加压造成的塑性变形这两个因素来促进烧结过程的进行。相对于无压烧结来说，热压烧结的烧结温度要低得多，而且烧结体致密，气孔率低。

热压烧结由于加热加压同时进行，粉料处于热塑性状态，有助于颗粒的接触扩散、流动传质过程的进行，因而成型压力仅为冷压的1/10；还能降低烧结温度，缩短烧结时间，从而抵制晶粒长大，得到晶粒细小、致密度高和力学、电学性能良好的产品。无需添加烧结助剂或成型助剂，可生产超高纯度的陶瓷产品。热压烧结的缺点是过程及设备复杂，生产控制要求严格，模具材料要求高，能源消耗大，生产效率较低，生产成本高，且只能制备形状不太复杂的样品。

将热压作为制造制品的手段而加以利用的已经能生产很多的陶瓷产品，如氧化铝、铁氧体、碳化硼、氮化硼等工程陶瓷。

因为能够在颗粒成长或重新结晶不大可能进行的温度范围达到致密化，所以可获得由微小晶粒构成的高强度、高密度烧结体。在热压中，最重要的是模型材料的选定。一般，虽选用表2-4所列的模型材料，但因存在无法得到物美价廉的模型材料和难以实现自动化生产等问题，所以其使用受到局限。使用最广泛的模型材料是石墨，但因目的不同，也有使用氧化铝和碳化硅的。最近，还开发了纤维增强的石墨模型，这种模型壁薄，可经受 300～500kg/cm^2 的压力。

表 2-4　单轴加压的热压模型材料

模型材料	最高使用温度 /℃	最高使用压力 /MPa	备　注
石　墨	2500	70	中性气氛
氧化铝 氧化锆 氧化铍	1200 1180 1000	210 105	机械加工困难，抗热冲击性弱，易产生蠕变
碳化硅 碳化钽 碳化钨、碳化钛	1500 1200 1400	280 56 70	机械加工困难，有反应性
二硼化钛 钨 钼	1200 1500 1100	105 245 21	机械加工困难，易氧化，易产生蠕变，成本高
耐腐蚀高温 镍合金不锈钢	1100		易产生蠕变

热加压的加热方式有电阻直热式、电阻间热式、感应间接加热、感应直接加热四种。

热压技术还有真空热压、保护气体热压、振动热压、均衡热压、热等静压和超高压烧结等。附加振动的热压法可以明显提高制品的密度。

常用的热压机主要由加热炉、加压装置、模具和测温测压装置组成，图 2-4 所示为加热炉。加热炉以电作热源，加热元件有 SiC、MoSi 或镍铬丝、白金丝、钼丝等。加压装置要求速度平缓、保压恒定、压力灵活调节，有杠杆式和液压式。根据材料性质的要求，压力气氛可以是空气也可以是还原气氛或惰性气氛。模具要求高强度、耐高温、抗氧化且不与热压材料黏结，模具热

图 2-4 热压加热炉

膨胀系数应与热压材料一致或近似。根据产品烧结特征可选用热合金钢、石墨、碳化硅、氧化铝、氧化锆、金属陶瓷等，最广泛使用的是石墨模具。表 2-4 列出了单轴加压的热压模型材料。

以氮化硅为例。在氮化硅粉末中，加入氧化镁等烧结辅助剂，在 1700℃下，施以 0.03Pa 的压力，则可达到致密化。在这种情况下，因为氮化硅与石墨模型发生反应，其表面生成碳化硅，所以在石墨模型内涂上一层氮化硼，以防止发生反应，并便于脱模。使用这种脱模剂时，在热压情况下需时时注意。另外，模型材料与试料的膨胀系数之差在冷却时会产生应力，这一点极为重要。Si_3N_4-Y_2O_3-Al_2O_3 系物质，在热压下也可获得高强度烧结体。

热压烧结是目前制备高热导率致密化 AlN 陶瓷的主要工艺方法之一。日本研究者在 20 世纪 80 年代就利用热压烧结制备出了热导率达 260W/(m · K)的 AlN 陶瓷，并在几家电子公司推广应用。国内的研究者中，黄小丽等研究了掺杂 $CaO-Y_2O_3$ 热压烧结和常压烧结 AlN 陶瓷的性能和显微结构。在 1800℃的烧结温度下保温 8h 后得到密度为 3.1g/cm^3、热导率为 170W/(m · K)的常压烧结瓷体；在压力 25MPa、1700℃ 烧结 4h 得到密度为 3.26 g/cm^3，热导率为 200W/(m · K)的热压烧结体。从微观结构上看，常压烧结体的晶粒大小不均匀，第二相较多，呈块状分布在晶界上；热压烧结体的晶界薄且干净，晶粒之间呈大面积的界面连接。而热压和常压烧结 AlN 晶格的氧含量（质量）经测定分别是 0.49% 和 1.25%。可见，热压烧结在低烧结温度下可以获得密度高、具有良好显微结构、氧含量低的 AlN 陶瓷，因而可以提高热导率。

2.3.7　高压烧结

高压烧结与热压烧结类似，只不过其所施加的外来压力更高。一般称在大于 1GPa 高压下进行的烧结为高压烧结。

高压烧结的特点是：不仅能够使材料迅速达到高致密度，具有细小晶粒，而且可以使晶体结构甚至原子、电子状态发生变化，从而赋予材料在通常烧结或热压烧结工艺下所达不到的性能。Lu Zhongyuan 等人利用两面顶高压设备以 Y_2O_3 为烧结助剂在 5.15GPa、1700℃和 115min 条件下制备了致密度为 3.343g/cm^3、热导率为 138W/(m · K)的 AlN 陶瓷。他们认为高压烧结得到的 AlN 材料和无压烧结的 AlN 陶瓷相比，微观结构更致密和均匀，但晶粒形貌和晶界相不明显。N. P. Bezhenar 利用 X 射线衍射分析研究了 8GPa、2300K 条件下高压烧结（HP-HT sintering）AlN 和 c-BN 复合材料，结果发现 AlN 晶体的晶胞体积有 0.10% ~0.12% 的减小，晶格参数 c/a 比也减小到了 1.595 ~ 1.597（常压下 AlN 的 c/a = 1.59955）。A. Wetik 等人用高压高温自蔓延合成法合成的不含氧杂质的 AlN 粉体，在带式高压设备上在 65kPa、2000℃条件下经过 30min 制备了 AlN 烧结体，该样品热导率达到了 190W/(m·K)，电阻率达到 10^{11} ~ $10^{12}\Omega \cdot m$。

综观以上几种烧结手段，可以看出，AlN 的这几种制备方法各有所长，也各有各的不足之处。目前，无压烧结方法应用最为广泛。热压烧结 AlN 虽然是目前研究比较多的制备手段，能够获得高热导率的 AlN 陶瓷。但也有其缺点：能耗大，产能低，烧结温度高。而放电等离子烧结作为一种比较新的烧结手段，具有高效能、可在较低温度下烧结等特点，有很大的发展潜力。

2.3.8 AlN 的低温烧结

2.3.8.1 AlN 的烧结助剂

不额外加添加剂的 AlN 单体烧结在常压下是很困难的。不少研究表明：不加添加剂要在热压条件下基本致密必须保持一定含氧量。Borom 采用热压法烧结非常纯净的 AlN 粉体（w_O < 0.1%），在 1950℃、40MPa 条件下未见任何烧结迹象。一般认为氧在烧结过程中有两个作用：一是氧、氮的置换形成缺陷以提高表面能；二是氧化物形成液相，促进液相烧结。

在 AlN 粉体烧结体系中加入某些稀土金属的氧化物和碱土金属的氧化物如 Y_2O_3、Dy_2O_3、Eu_2O_3、Sm_2O_3、CaO 等，能有效促进 AlN 粉末的烧结，有助于提高烧结样品的热导率。在烧结体系引入烧结助剂后，烧结助剂起到两方面的作用：一方面，它可与 AlN 粉体表面的氧反应，形成低熔物，产生液相，利用液相促进烧结，提高材料的致密度；另一方面，烧结助剂与氧杂质反应，生成铝钇酸盐，冷却时析出第二相，利用第二相将氧固结于晶界上，减少了高温烧结时氧进入 AlN 晶格的可能性，起到一个纯化晶格的作用，从而提高了 AlN 烧结体的热导率。

经研究，人们认为良好的烧结助剂应遵循以下几个原则：

（1）能在较低的温度下与 AlN 颗粒表面的 Al_2O_3 发生共熔，产生液相，降低烧结温度；产生的液相要对 AlN 颗粒具有良好的浸润性，以起到烧结的作用。

（2）液相的流动性要好，烧结后期在 AlN 晶粒生长过程的驱动下向三角晶界流动，并在高温下具有较好的挥发性，以减小晶界第二相的影响。

（3）与氧有较强的结合能力，有利于除去氧杂质，从而净化 AlN 晶格，另外烧结助剂不与 AlN 发生反应（分解或氧化），否则易产生晶格缺陷，也难形成多面体形态的 AlN 完整晶粒。

在 AlN 陶瓷的烧结中选择的烧结助剂主要有单一助剂（主要是碱土金属类化合物或者稀土类化合物）或者是复合助剂。

在早期烧结研究中，就已经开始使用碱土金属 Be、Ca、Sr、Ba 等，还有二价的 Zn 和 Ni 的化合物，一般以 1% ~3% 的比例添加。研究发现：Be（以 BeO 和 Be_3N_2 的形式）和 Zn（以 ZnO）对烧结似乎没有任何影响。Ba（以 $BaCO_3$）和 Ni（以 NiO）稍有促进作用，但烧结体密度只有 70% ~75%。Ca（以 Ca_3N_2 或 $CaCO_3$）和 Sr（以 $SrCO_3$）则有很强的烧结促进作用，烧结密度大于 90%。进一步的实验发现：在 1900℃、保温 15min 的烧结条件下，只要添加 1% 的 CaO 或 SrO 烧结体就能达到 98% 的理论密度。同样的添加量如果保温时间增加到 40min，则温度降到 1850℃便可获得同样的烧结密度。CaO 或 SrO 的添加尽管只有 1% 却在坯体中生成了液相，并析晶为 $CaAl_4O_7$ 或 $SrAl_4O_7$，AlN 颗粒正是通过这些物相结合在一起。电镜分析也表明：液相与 AlN 的润湿角为零。虽然液相的准确组成还不清楚，但它能极有效地促进烧结并能溶解 AlN，这就提示最终组成一定是在 Al-Ca-O 系统。

除了碱土金属化合物作为烧结助剂外，另一类主要的烧结是稀土类化合物。特别是近年来在一些氮化物、碳化物及硼化物等难以烧结的陶瓷材料中越来越多地采用了稀土类化合物，而在稀土类化合物中效果最突出、使用最广泛的是氧化钇（Y_2O_3）。众多的实验都表明：作为助剂 Y_2O_3 能有效地促进 AlN 烧结，提高热导率，其机理和添加 CaO 相似，主要是和 AlN 表面的氧及固溶在 AlN 晶格中的氧生成了铝酸盐并聚集在晶界，随保温时间的增加往样品表面迁移，使得 AlN 颗粒有较高的纯度。

总的来说，对于 AlN 陶瓷的单一的烧结助剂，目前所使用的主要有以下三类：稀土金属和碱土金属氧化物/氟化物（如 Y_2O_3、CaO、La_2O_3、Dy_2O_3、CaF_2、YF_3 等）；具有还原性的化合物（如 CaC_2 等）；其他氧化物（如 Li_2O、B_2O_3 等）。这几种烧结助剂均可与 AlN 粉体表面的氧化层反应生成低共熔液相，从而以液相烧结机制促进 AlN 陶瓷烧结体的致密化过程。烧结助剂的种类不同，其效果也有所差别。表 2-5 列出了不同种类烧结助剂的优缺点。

表 2-5　不同种类烧结助剂的性能比较

种类	助剂	优点	缺点
稀土类化合物	Y_2O_3	驱氧能力强，稳定性好	液相形成温度较高
	YF_3	驱氧能力强，稳定性好	烧结过程中产生有毒的氟化物蒸气
碱土类化合物	CaO	液相形成温度低，有助于低温烧结	驱氧能力弱
	CaC_2	液相形成温度低，高温可形成还原气氛，有利于提高热导率	驱氧能力不强，极易水化，不利于工业化大规模生产
	CaF_2	液相形成温度低，有利于低温烧结	驱氧能力弱，烧结过程中易挥发，不利于致密化过程，能与氮化铝反应，降低热导率

近年来出于降低能耗以及制备多层共烧基板等的需要，要求 AlN 陶瓷采用低温无压烧结（1650℃以下）。人们在研究中发现，采用单一烧结助剂只能有限降低烧成温度，提高样品的热导率也很有限，很难满足使用要求，故材料学者们进行了多元复合体系烧结助剂的研究，以期在更低的温度达到较好的烧成效果。研究表明：复合助烧结剂各组分相互配合，能更有效地降低烧结温度，同时能较大幅度地提高 AlN 陶瓷的热导率。例如：Y_2O_3 具有极强的驱氧能力，但生成的钇铝酸盐无挥发性，沉积在晶界，阻碍热导率的提高，而同时加入 CaF_2、B_2O_3 等烧结助剂，生成

具有挥发性、可升华的化合物，有利于净化晶界，获得较高的导热性能。

现阶段人们在主要采用常压烧结工艺的情况下，对 Y_2O_3-CaO 系添加剂、Y_2O_3-CaO-LiO_2 系添加剂、CaF_2-Y_2O_3 系添加剂、YF_3-CaF_2 系添加剂等进行了研究，取得了满意的效果。

2.3.8.2　AlN 的低温烧结概况

近年来，AlN 陶瓷的低温烧结日益受到人们的重视。与常规烧结相比，低温烧结可以把烧结温度降低到 1600℃左右，不仅可以大幅度降低烧结成本，而且可以延缓烧结过程中表层的氧向晶格中扩散，这样可以改善后续处理过程中的驱氧效果。表 2-6 列出了部分 AlN 的低温烧结概况。

表 2-6　AlN 陶瓷低温烧结概况

制备工艺			密度	热导率
助剂成分	含量/%	烧结工艺	$/g\cdot cm^{-3}$	$/W\cdot(m\cdot K)^{-1}$
$2Y_2O_3$-CaO-$2La_2O_3$-$2CeO_2$-SiO_2	9	1600℃，1h	98% TD	92
$CaCO_3$	1.5	1600℃	3.19	70
3CaO-$3SiO_2$-A_2O_3	0.5		3.25	60
Y_2O_3-12CaO·$7Al_2O_3$	2	1600℃，0.5h	97% TD	
YF_3	3	1600℃，48h		240
$8YLiO_3$-CaO	4.5	1600℃，6h	3.27	170
Sm_2O_3	3	1500℃,3min(SHS)	3.37	118
Y_2O_3-CaF_2-Li_2O	6	1650℃，8h	99.4% TD	170

3 原材料及实验方法

3.1 试验用材料

3.1.1 AlN 粉体

实验采用了两种国产的 AlN 粉体作为实验原材料。一种是采用高温自蔓延法生产，另一种采用碳热还原法生产。

3.1.1.1 自蔓延法生产的 AlN 粉体

自蔓延法生产的 AlN 粉体产自北京安泰股份有限公司，其化学组成见表 3-1。从化学分析可以看出：AlN 粉体中的主要成分是 O、Fe、C、W、Fe、Si 等。从 AlN 粉体的 SEM 照片（图 3-1）可以看出，颗粒形状都不是很规则，AlN 颗粒大多呈板状或者片状，由于颗粒细小，可以发现有较多的团聚现象。经激光粒度仪分析，AlN 平均粒径为 0.5μm。

表 3-1 自蔓延法生产的 AlN 粉体的化学组成

元素的含量/%						粒径/μm
Al	N	O	C	W	Fe	
≥63.0	≥32.1	<1.0	<0.1	<0.1	<0.05	0.5

3.1.1.2 碳热还原法生产的 AlN 粉体

碳热还原法生产的 AlN 粉体是由福建施诺瑞新材料有限公司生产的 I 型粉体，其化学组成见表 3-2。从化学分析可以看出：其主要成分是 O、Fe、C、W、Fe、Si 等。从 AlN 粉体的 SEM 照片（图 3-2）可以看出，颗粒形状接近于球形，粒度分布较为均匀。

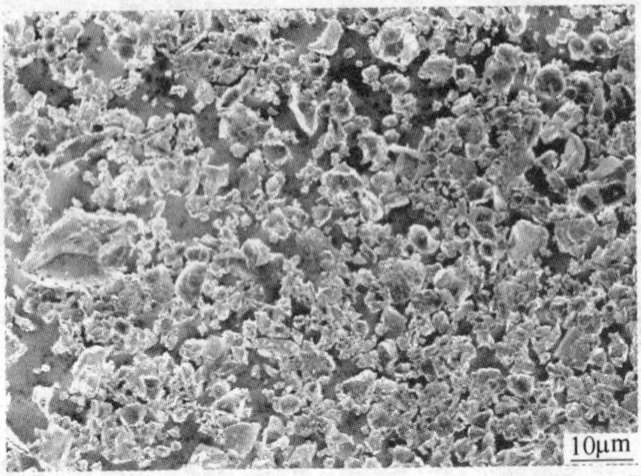

图 3-1　自蔓延法生产 AlN 粉体的 SEM 照片

表 3-2　碳热还原法生产的 AlN 粉体的化学组成

Al/%	N/%	O/%	C/%	Fe/%	Si/%	粒径/μm
≤63.0	≥33.0	<1.2	<0.05	<1.0	0.05	2.0

图 3-2　碳热还原法生产 AlN 粉体的 SEM 照片

对碳热还原法生产的 AlN 粉体进行了激光粒度分析，图 3-3 为 AlN 粉体的粒度分析曲线。$D_{50}=1.877\mu m$，$D_{av}=2.175\mu m$。

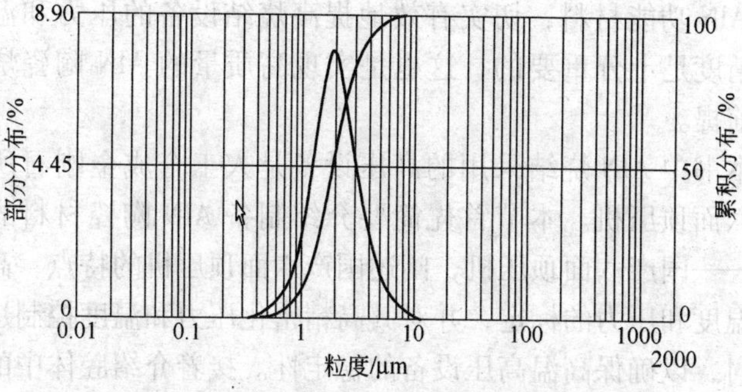

图 3-3 碳热还原法生产 AlN 粉体的粒度分析

3.1.2 其他原料

其他原料主要有 Y_2O_3、La_2O_3、Li_2O、CaO、CaF_2 等，均为分析纯化学试剂。

3.2 高温高压技术

3.2.1 引言

高压对物质的晶体结构、电子状态和物理性质的影响以及高压新相的研究是探索常压下无法制备的新材料以及改进常态材料性能的基础。在很高的压力作用下，物质内部的晶体结构、电子结构和原子（分子）间的相互作用都将发生变化并伴随一系列物理性质的改变。为了研究这一变化过程，出现了一门学科领域——高压物理。高压物理发展的关键技术是超高压技术，而人造金刚石是超高压技术发展最辉煌的成果。

所谓超高压技术是指在同一空间领域同时获得所需要的高温高压，并持续所需要时间的技术。现代超高压技术已能提供几百万 GPa 的压力和几千 K 的温度，为高压物理研究及新材料的制备提供了先进的实验条件。

在陶瓷的烧结过程中，温度和压力是两个关键的工艺参数，它们对材料的显微结构和性能有着显著的影响。若想制备出高质量的 AlN 功能材料，切实有效地提高烧结设备的压力和温度的控制精度是十分重要的，这也是实现高质量的 AlN 陶瓷烧结的必要前提。

本书中 AlN 烧结采用的高压设备是人工合成金刚石所用的国产六面顶压机。本节首先简要介绍制备 AlN 陶瓷材料的高压设备——国产六面顶压机，阐述国产六面顶压机的特点，高压腔体内温度和压力的标定，并对其高精密化压力和温度控制进行重点探讨，以确保高温高压设备的稳定性。接着介绍腔体中的传压保温材料，设计了高压烧结 AlN 陶瓷材料的高压组装腔体。

3.2.2 实验用高温高压设备简介

高压科学的进步离不开高压技术的发展，金刚石的人工合成是高压技术进步的产物，而人造金刚石合成技术水平的提高又促进了高压技术的进步。

人工合成金刚石的困难在于同时产生足够高的温度和压力，发明和制造高温高压设备无疑是解决这一问题的关键。1880 年，Hannay 采用密封钢管向内部的有机挥发物加压，压力达到 0.2GPa。1888 年，Parsons 开发出第一台活塞-圆筒式压机，压力达到 1GPa。1935 年，诺贝尔奖获得者、美国高压物理学家 Bridgeman 利用大质量支撑原理和侧向支撑原理成功地设计出可达到 5GPa 以上压力的高压设备，使得高温高压合成金刚石成为可能。在 Bridgeman 工作的基础上，Hall 又进行了一系列创新设计，最终在 1953 年把压力提高到 2.1GPa 的同时使温度达到 2000℃，并可在这一条件下稳定工作 1h 以上，将人们期待已久的想法变成了现实——成功合成出金刚石晶体。当前，国内外由于金刚石合成的高压装置种类繁多，尤以静压法装置发展为快，随着人造金刚石研究和生产的扩大，超高压装置由原来的活塞缸体发展到大支撑结构的压砧（即顶锤），由单轴两面顶发展到多面顶，吨位和腔体也由小变大。

目前，国内外用于生产和科研的静高压装置主要类型见表 3-3。

表 3-3 静态高压装置的主要类型

两面顶	四面顶	六面顶
对顶式	单压源紧装式	单压源紧压式
年轮式	多压源铰链式	单压源铰链式
活塞缸式	多压源拉杆式	单压源立体式
	滑块式	多压源铰链式
		多压源拉杆式
		静水压切球式
		滑块式

下面简单介绍几种常见的静高压装置。

3.2.2.1 年轮式两面顶高压装置

由美国 G. E. 公司 Hall 设计出世界上第一台年轮式两面顶压机如图 3-4 所示，其特点是具有高压冲程适中，对中性好，温度场与压力场稳定并且相互匹配等特点，特别是高压腔体积大，适合需要长时间生长的大单晶，尤其适合生产杂质含量低的高档锯片级金刚石、形状规则的片状 PCD 和拉丝模等聚晶产品。目前，这种高压设备被欧美、日本等地的金刚石厂家广泛采用。

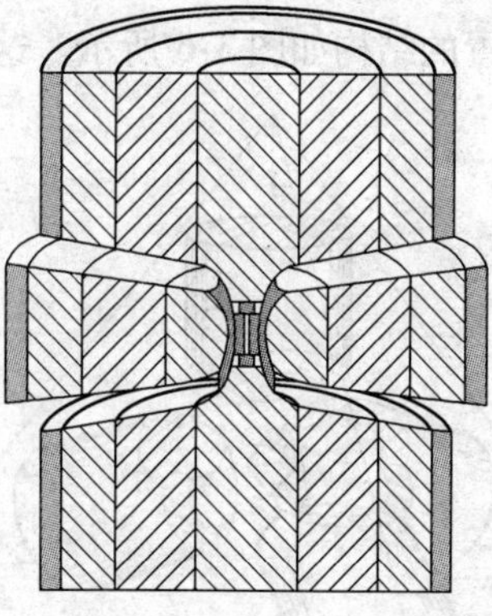

图 3-4 年轮式两面顶压机示意图

3.2.2.2 凹模式两面顶高压装置

主要是前苏联研制和使用的装备，其结构示意图如图 3-5 所

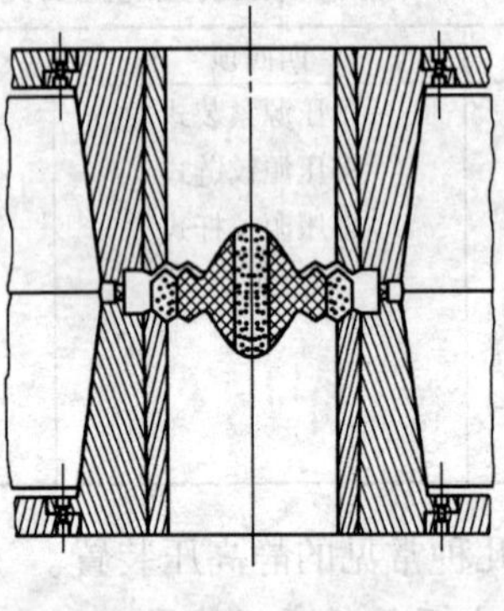

图 3-5　凹模式两面顶压机组成示意图

示。这种高压设备的特点是：结构简单，操作方便，效率高，硬质合金消耗低等。但是它的高压腔压力稳定性差，形变不规则，重复性差。因此，凹模不适合生产需要长时间生长的高档金刚石和金刚石大单晶，也不适合生产形状要求严格的 PCD，适合生产低档金刚石和金刚石微粉。

3.2.2.3　四面顶高压装置

四面顶高压装置的结构如图 3-6 所示。这种高压设备大多在

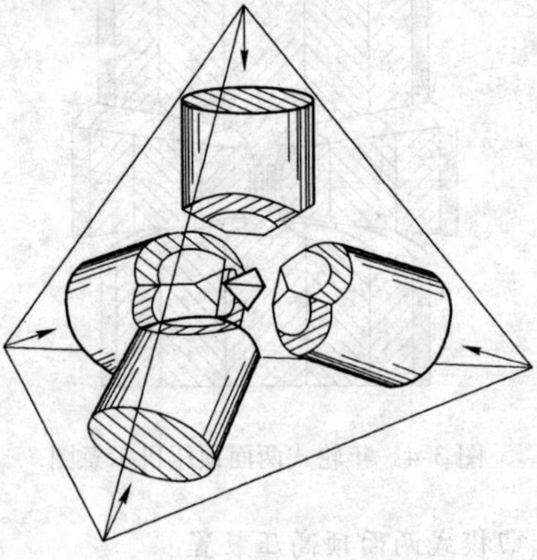

图 3-6　四面顶压机示意图

实验室使用，工业生产上并未得到普及，因为四面体压腔中试棒的有效体积不大，在同一条件下，只及六面顶压机的1/6；而且正四面体试块制造不方便，精度也较差。

3.2.2.4 六面顶高压装置

铰链式六面顶压机是我国自行开发设计的高压设备，其结构如图3-7所示。六面顶高压装置操作简便、压力传递快、效率高，再加上其吨位低、投入少、技术相对简单，适应我国国情，从数量上发展很快，为我国进入人造金刚石工业生产大国做出了贡献。其缺点是压机吨位产生的高压腔当量体积小。该装置是我们实验的重要手段。

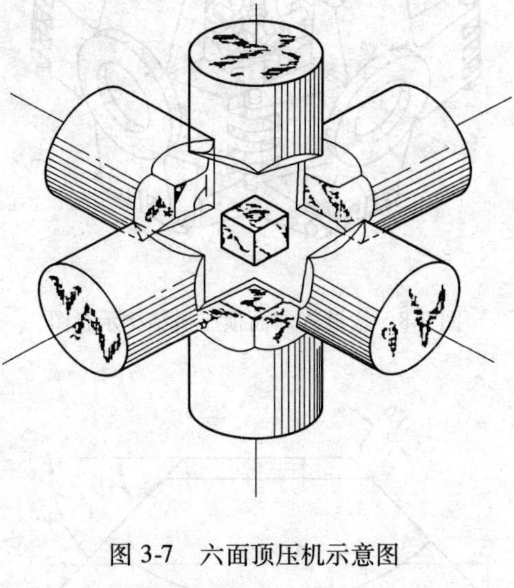

图3-7 六面顶压机示意图

本书实验所用的静高压装置是陕西咸阳超硬材料设备厂生产的XKY-6×1200MN型六面顶压机。

铰链式六面顶压机是我国从20世纪60年代开始自行开发设计的高压设备。其主机由六个铰链梁，六组工作缸组成。铰链式六面顶压机的铰链梁采用合金钢铸件，经过粗、精两道加工工序制造，具有良好的同心度和垂直度。采用油压系统推动顶砧运动，并予施压和保压，而且在其压力容限内，可对施加的压力进行调整，三对顶砧所施加压力也都比较均匀。

和国外的高压设备（包括两面顶和单压源六面顶压机）相比，国产六面顶压机（结构示意图见图 3-8。）除具有前述优点外，在升降压速度方面也有着显著的优势。这是因为国产六面顶压机在顶锤设计方面有独特的技术，即存在顶锤导角，如图3-9

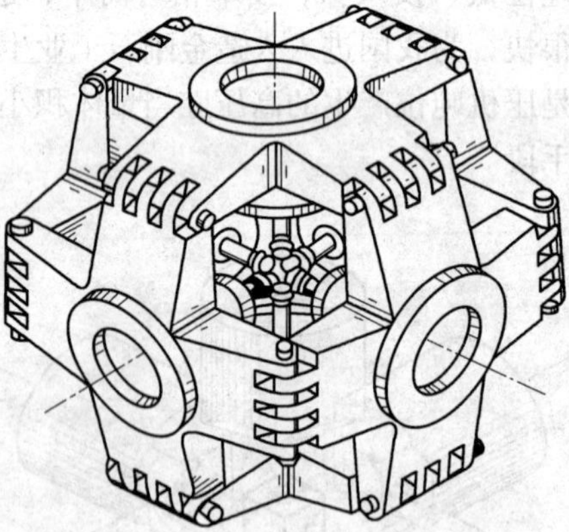

图 3-8　铰链式六面顶压机结构示意图

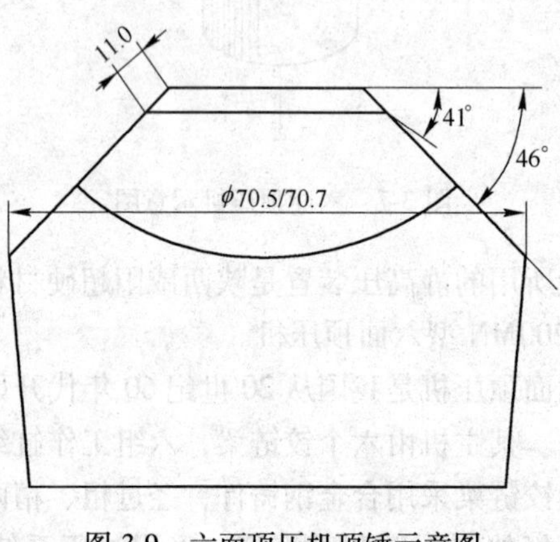

图 3-9　六面顶压机顶锤示意图

和图 3-10 所示。顶锤导角的存在，有利于密封边的形成，从而使压机操作简单，可以快速地升压和降压，例如腔体内部压力达到 5.5GPa 时，升降压时间不超过 2min。而国外六面顶和两面顶设备，升压和降压时间至少需要 90min 和 30min。正因为国产六面顶压机具有易于操作这一优点，使我国工业金刚石的合成周期短，有效利用时间长。

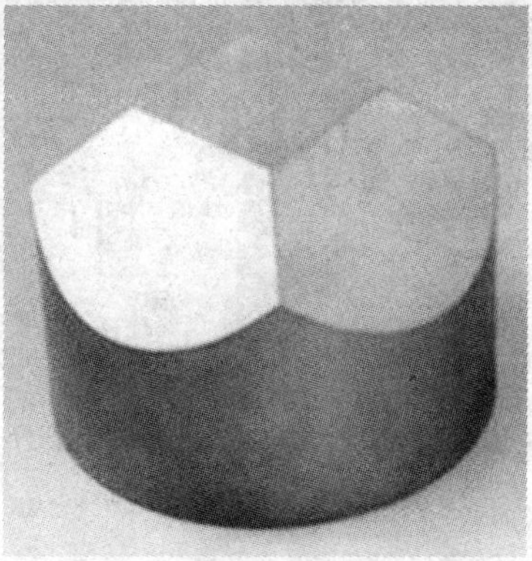

图 3-10 六面顶压机顶锤

随着我国金刚石行业的发展，六面顶压机的设计制造水平得到了迅速的提高，腔体逐渐扩大。顶压机的油缸缸径从 ϕ230mm 开始，经历了 ϕ280mm、ϕ320mm、ϕ360mm、ϕ400mm、ϕ420mm、ϕ450mm、ϕ460mm、ϕ500mm、ϕ550mm、ϕ620mm、ϕ630mm、ϕ650mm 等，直到目前最大的 ϕ1000mm。我国压机数量上的猛增和压机吨位的扩大，使我国超硬材料得到了飞速发展。

国产六面顶压机（图 3-11）的主要缺点是：同步性差，压力场和温度场匹配性不好，压机吨位产生的高压腔当量体积小。但这些缺点随着目前高压技术的改进已逐步得到解决。另外，国产六面顶压机因为导角的存在，使得压力损耗加大，造成液压系统压力过高。当油压达到一定值时，进一步升高腔体内部实际压力变得十分困难。所以在传压介质的选择上，为了实现高压，最

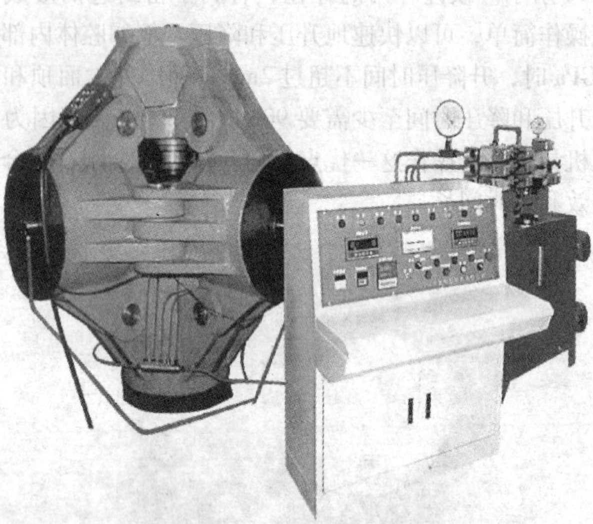

图 3-11 六面顶压机

好选择传压性能较好的传压介质。

3.2.3 压力和温度控制系统

铰链式六面顶压机系统是由压力和加热两大系统组成。压力系统由动力（主油泵）、主机（主油缸）和液压控制三部分组成。加热系统由调功器、调压器和大电流变压器以及连接部件所构成。

3.2.3.1 压力控制系统

高压烧结陶瓷产品需要一个稳定的压力。因此，对于压机的保压性能要求较高，而我们所用的六面顶压机液压部分很容易泄漏油液，所以需要经常补压。利用超高压液压泵补压可以满足这些要求，它可以无限期保压和补压，而且保压时压力稳定，在额定压力为 110MPa 条件下（使用压力为 60 ~ 100MPa），压力波动稳定在 ±0.1MPa 范围之内。

压机的主油泵采用变频三相交流电机驱动超高压泵。通过电控平衡阀、节流阀、电磁逆流阀等仪表对压力进行控制。可根据不同的工艺要求，通过交流变频控制系统的控制，改变电机频率，从而改变超高压泵供油速度，实现对超压时升压速度及保压时动态补压速度的控制，以适应不同升压速率及保压的需要。同时在液压系统中装有传感器，使之与电控部分一起组成可靠的闭合控制。具有这种压力控制系统的六面顶压机抗干扰能力强、运行稳定、操作简单，压力的相对控制精度为0.2%。这一精度可以满足对实验稳定性的要求。

3.2.3.2 温度控制系统

烧结温度的变化对陶瓷的显微结构及其性能有着重要的影响。因此，为了保证产品的质量，最好做到长时间的恒温控制。而温度的控制，是根据已经标定的加热功率和腔体内部温度的对应关系来控制实际投入的加热功率。即：恒温控制实际上采用的是恒功率加热方式。图3-12为六面顶加热及恒功率控制示意图。如果合成过程中加热功率有很大的波动，对腔体内部温度的影响就会很大。

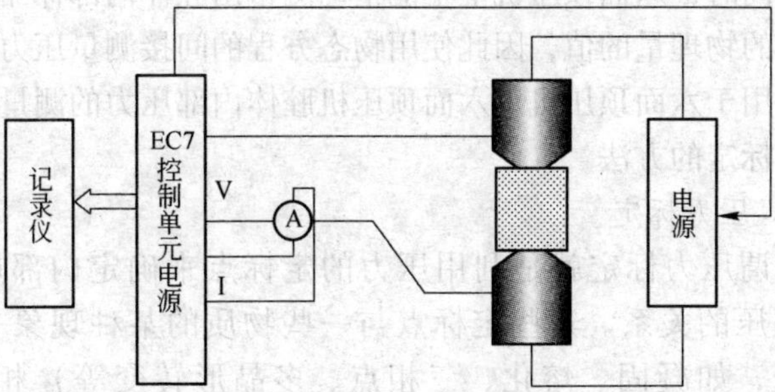

图 3-12 六面顶加热及恒功率控制示意图

实验所用六面顶压机恒功率加热系统由于采用了真有效值转换电路、高精度反馈信号检测和计算机控制可控硅输出等先进技术，排除了常规电压、电流检测仪表对非正弦波信号的检测误差，极大提高了加热精度和稳定性。

采用这套加热系统，加热功率可以控制得非常稳定，只要内部腔体稳定不变，那么在温度为1500℃时，温度的控制精度可以达到±10℃，相对控制精度为1.0%。这一精度可以满足高压烧结实验对温度稳定性的要求。

3.2.4　压力和温度的标定

高温高压下工艺参数（温度和压力）对陶瓷的烧结具有非常重要的意义。遗憾的是，高温高压实验却很难做到原位测量温度和压力，所以只能用间接的办法进行标定。

3.2.4.1　压力的标定

A　压力的测量

压力的测量一般分为直接测量和间接测量，直接测量是用施加的压力除以受力面积得到压强。间接测量是用物态方程通过体积或者其他的物理量反映压力的大小。

对于六面顶压机而言，不适于用直接方法测量压力，这是因为六面顶压机的合成块在密封边及顶锤的侧面损失的压力无法测出来。同时，六面顶压机上不能精确测量出腔体内部样品的体积及相关的物理量的值，因此使用物态方程的间接测量压力的方法也不适用于六面顶压机。六面顶压机腔体内部压力的测量一般采用压力标定的方法。

B　压力标定

所谓压力标定就是利用压力的定标点来确定内部压力与外部油压的关系。这些定标点与一些物质的某种现象（一般是相变，如凝固、熔化、三相点、多晶形转变等）相联系。而这些定标点的压力已用其他的方法精确测定，因此只需在高压装置中测量这些定标点所对应的相变发生时外部油压的值，就可以得出某一压力范围内油压和腔体内压力之间的对应关系。

在本实验中，用压力标定的标定点是铋（Bi）、钡（Ba）、铊（Tl）的相变点，它们在相变时会发生电阻跃变，测量这些材料在高压时的电阻跃变就能知道当时的压力，从而进行压力的标定。当温度为 298K 时，这几种材料的相变压力点如表 3-4 所示。

表 3-4　压力标定物质在温度为 298K 的相变点

材　料	相变类型	相变时对应的压力/GPa
Bi	Ⅰ-Ⅱ	2.55
Tl	Ⅱ-Ⅳ	3.67
Ba	Ⅰ-Ⅱ	5.50

实验用 XKY-6×1200MN 型六面顶压机高压腔体测压组装如图 3-13 所示。测压参数选择实际油压，根据表中几种金属相变点标定的油压与腔体内部压力的对应关系见图 3-14。由于压力定标工作是在常温下进行的，而一般高压合成实验时都是处在高温高压状态下，因此本实验中的压力标定有一定的误差。

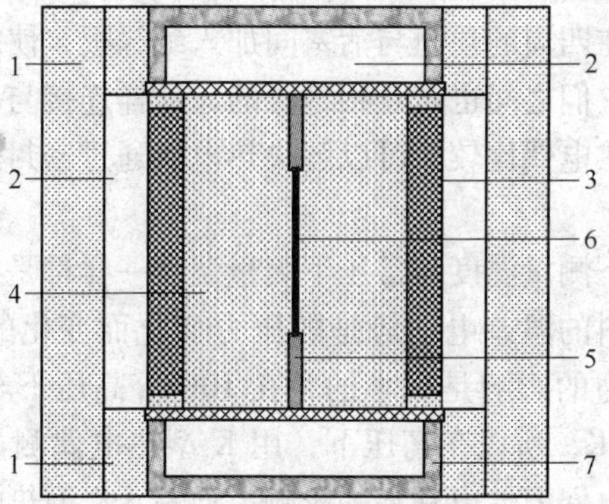

图 3-13　六面顶压机压力定标组装图

1—叶蜡石；2—白云石；3—NaCl+20% ZrO_2；

4—滑石；5—Au；6—定标物质；7—钢帽

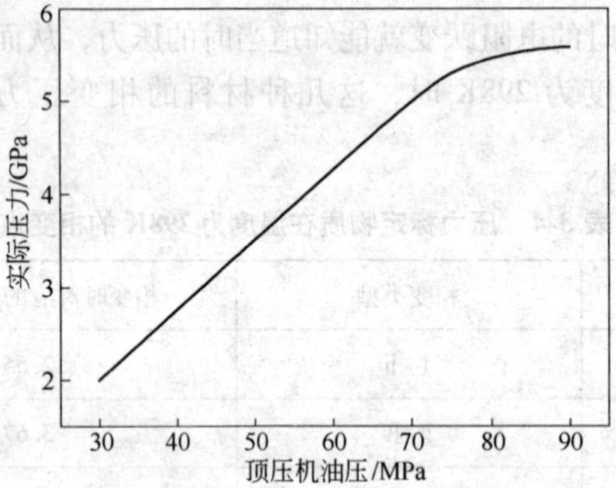

图 3-14 六面顶压机油压与腔体内实际压力的关系

3.2.4.2 温度定标

A 温度的测量

在高压条件下，对国产六面顶压机合成腔体内温度的测量对材料的制备具有重要的意义。图 3-15 是测量温度的组装图。如图所示，热电偶的接点置于腔体的中心，另外的两个端点与侧面的顶锤相连，使用内径是 0.5mm 的瓷管使热电偶与石墨加热管绝缘，我们在四周的顶锤与活塞间加入绝缘板，使之与压机缸体绝缘，所以它们之间也是互相绝缘的，这样连接与一般通过密封边狭缝引出热电偶比较，可以解决热电偶通过密封边时发生断裂的问题。

在高压下测量温度与常压下测量温度一样都是使用热电偶测量，一般材料的温差电动势是随压力变化而变化的，但是 K 型热电偶受压力的影响是很小的，在 10GPa 高压下与常压相比只相差 0.6μV/K，所以在高压下，用 K 型热电偶测量温度可以忽略压力对热电偶温差电动势的影响。通常，K 型热电偶的使用温度在 1100℃以下，如果在更高的温度范围内测量，一般用 B 型热电偶，B 型热电偶的另一个优势是在 200℃以下其温差电动势变化很小，在实际测量中不用考虑顶锤的温度。

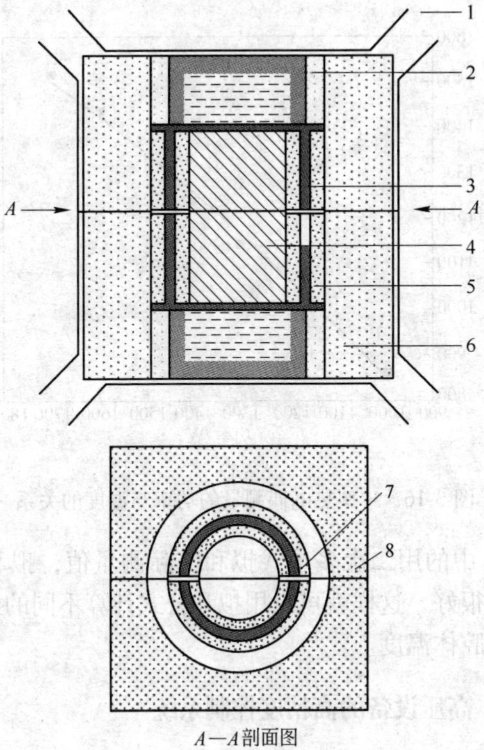

图 3-15 测量温度的组装图

1—碳化钨顶锤；2—导电钢帽；3—石墨加热管；4—样品；5—绝缘管（ZrO_2 +20% MgO）；6—叶蜡石块；7—瓷管；8—热电偶

B 温度标定

虽然通过温度的测量可以精确地控制合成的温度，但是在高压合成实验过程中，不可能每次均对合成腔内温度进行原位的测量，所以大多数高压合成实验是采用温度标定的方法确定的温度。温度标定是通过温度测量给出腔体内部的温度与外部给定的加热电功率之间的对应关系。因为合成实验都是在1100～1700℃以下进行，所以使用 B 型热电偶进行温度标定，图 3-16 是用 B 型热电偶测量出的腔体的温度与给定功率之间的关系。

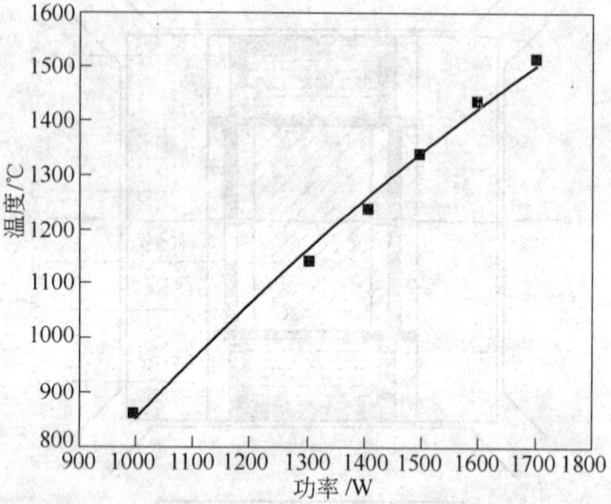

图 3-16　B 型热电偶测量的功率与温度的关系

图 3-16 中的用二次多项式拟和实际测量值，拟和曲线与测量值符合的很好，这样就可以用拟和公式计算不同的给定加热功率所对应的腔体温度。

3.2.5　高压设备的高精度控制系统

为了获得对压机的长时间高精度高稳定性压力和温度的控制，对 XKY-6 ×1200 MN 型压机的油路和控制系统进行了改造。利用高压油泵和无级变速补压油泵代替了原有的低压油泵和增压器，同时改进了油路的设计，采用计算机控制系统控制加载压力和温度，使之能按预先设定的压力温度曲线实现升温升压和长时间保温保压。保温保压的时间可以达到 80h 以上。保温保压期间压力相对控制精度为 ±0.01MPa，温度相对控制精度为 ±10℃，这些都为 AlN 陶瓷的高压烧结提供了稳定的条件。

3.2.6　腔体介质材料的选择

高温高压烧结陶瓷材料，传压介质起着重要的作用。在材料制备的过程中传压介质为陶瓷烧结提供了稳定的物理环境。在整个过程中，传压介质主要起传压、密封、保温、绝缘和支撑作用：

（1）传压：将压头产生的压力传到烧结腔体内，在此过程中要求传压介质具有较好的可塑形变，这样才能使压头产生的压力损失尽量小。

（2）密封：将腔体内的烧结样品密封起来，达到稳定的高温高压条件。这就要求传压介质与硬质合金压头表面有较大的摩擦力，同时要求传压介质内部的内摩擦力也要足够的大。

（3）保温：传压介质有阻碍热量丧失的作用，以便样品有合适的烧结温度。这就要求传压介质的热传导性能尽量小，这样在陶瓷的烧结过程中热量才能损失的较小，最大限度地保障烧结温度稳定。

（4）绝缘：因为腔体的温度往往是通过电流产生的，所以要求传压介质要有良好的电绝缘性。

（5）支撑：传压介质在压头之间，这样就使得压砧在高压过程中不会相撞。

由此可见，作为高压合成过程中的传压介质是多功能的。下面主要介绍一下常用的传压介质。

3.2.6.1　叶蜡石

叶蜡石属层状硅酸盐族，属单斜晶系，矿物分类属黏土矿物。其分子式为 $Al_2[Si_4O_{10}][OH]_2$，其标准的成分含量为 Al_2O_3 30%，SiO_2 65%，H_2O 5%。叶蜡石晶体是由两个最基本的结构单元构成的，一个是 Si—O 四面体，一个是 Al—O 八面体。这两个基本单元结合形成四面体-八面体聚形，而聚形之间靠 Vander Waals 力结合，键力较弱，因此叶蜡石具有较好的滑移性，且硬度低，也因此具有良好的传压性、机械加工性、耐热保温性、绝缘性以及密封性能，所以目前叶蜡石在我国超硬材料合成中得到了广泛的应用。

叶蜡石作为固体传压介质，在高温高压下会脱去结晶水而发生相变，其传压性能变差，同时因其热导率变大，保温性能变差。若采用图 3-17 所示的通心叶蜡石块，在高温高压合成实验过程中，叶蜡石的内壁会形成一个较大的相变层，相变层的形状如图 3-18 所示，呈“鼓壳”状。相变发生的主要原因是叶蜡石中的二氧化硅在高温高压下变成了柯石英，密度变大，体积收缩，从而造成合成腔体内有较大的压力损失和较大的压力梯度，这样随着合成时间的加长稳定均一的物理环境被破坏，样品的质量变差。为了克服这种困难，在实际的高压合成实验中采用了复合块技术。即：将相变层用白云石管代替（如图 3-19 所示），白云石在高温高压条件下，具有很好的稳定性，这样就在一定程度上阻碍了相变层的发生，从而保证了腔体的稳定环境。图3-20

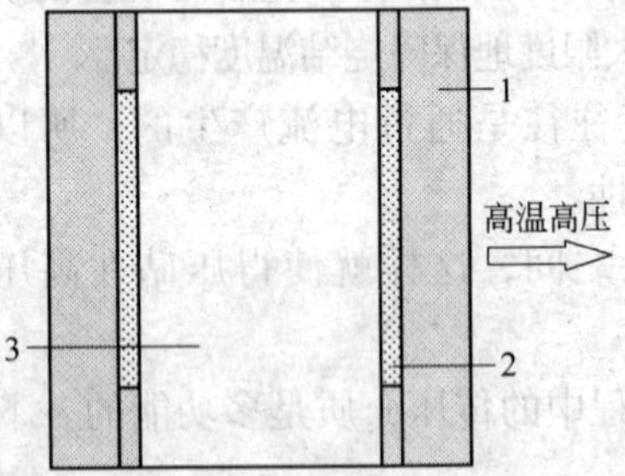

图 3-17　叶蜡石通心块结构
1—叶蜡石；2—装料孔；3—装料孔

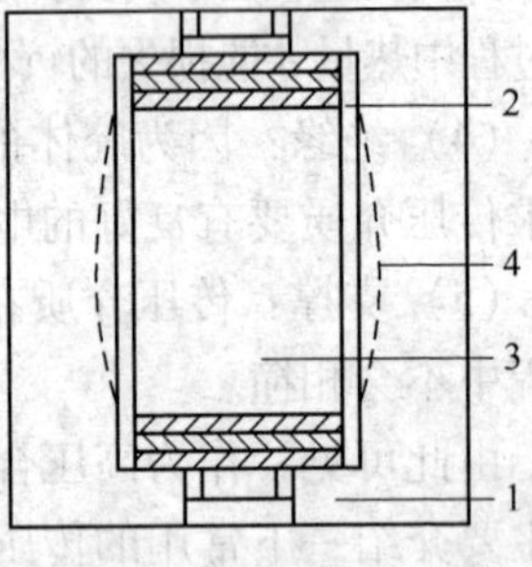

图 3-18　高温高压下叶蜡石相变
1—叶蜡石块；2—相变层；
3—合成腔；4—相变层

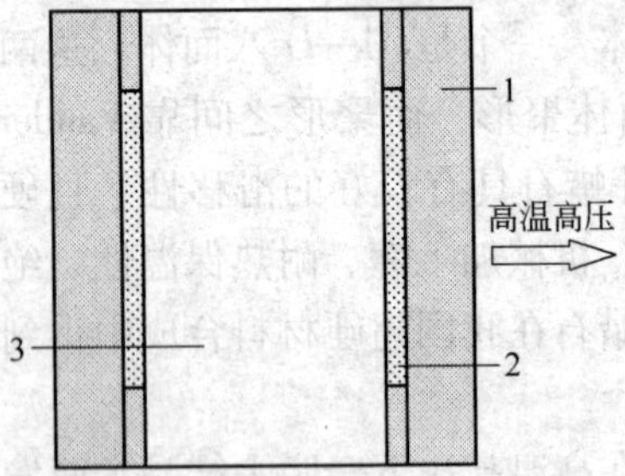

图 3-19　叶蜡石复合块结构
1—叶蜡石；2—白云石衬管；
3—装料孔

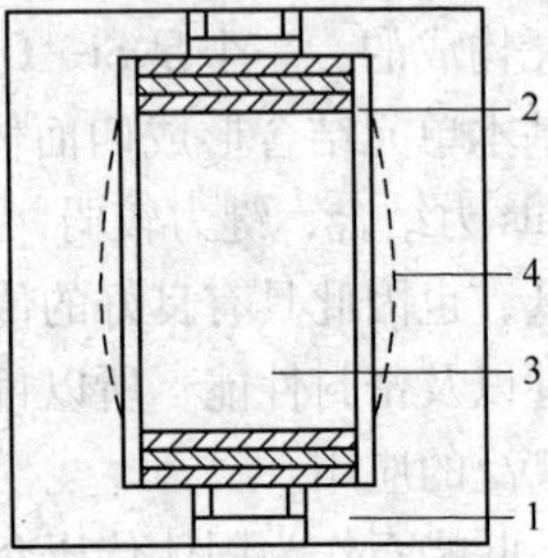

图 3-20　高温高压下复合块相变
1—叶蜡石块；2—白云石衬管；
3—合成腔体；4—相变层

是用复合块技术相变层发生的示意图。

3.2.6.2 白云石

化学成分为 $CaMg(CO_3)_2$，其中 CaO 含量 30.41%，MgO 占 21.86%。晶体属三方晶系的碳酸盐矿物。白云石的晶体结构与方解石类似，晶型为菱面体，晶面常弯曲成马鞍状，聚片双晶常见，多呈块状、粒状集合体。纯白云石为白色，因含其他元素和杂质有时呈灰绿、灰黄、粉红等色，玻璃光泽。三组菱面体解理完全，性脆。摩氏硬度 3.5～4，密度 2.8～2.9g/cm^3。白云石常压下的分解温度为 700～1000℃，750℃左右分解为游离态的 MgO 和 $CaCO_3$，950℃左右 $CaCO_3$ 分解。表 3-5 是白云石与叶蜡石的物理性质比较，从表上可以看出，白云石的热膨胀系数是叶蜡石的 3 倍，且没有高温高压下的相变及其产生的体积收缩，因此，白云石对高压腔中的压力传递有利，并可减少腔体中的压力梯度。同时热导率低于叶蜡石，对合成腔体中的保温及温度梯度减少有利。

表 3-5 白云石与叶蜡石的物理性质

矿 物	热膨胀系数 /K^{-1}	热导率 /W·(cm·K)$^{-1}$	密度 /g·cm^{-3}	高温高压处理后的变化
白云石	2.7×10^{-5}	0.058	2.89	微 量
叶蜡石	7.9×10^{-6}	0.090	2.95	有

3.2.6.3 ZrO_2 + MgO(质量分数为 20%)

如果选择一种高温高压下完全稳定的物质作为反应容器材料当然是最好，虽然这种材料相对来说比较难选择，因为不仅仅要从稳定性上考虑，还要充分考虑到材料的成型和可操作性。诸如 MgO，公认在高温高压下很稳定，但由于 MgO 产品种类太多，而且粒度稍有不同，焙烧起来差别就很大，而且从成型角度也不是很容易，所以单独利用 MgO 虽然也可以，但是可操作性不强。而 ZrO_2 在高温存在单斜和四方两相的可逆相变，不过如果在二氧化锆中加入一定量的稳定剂（如 Y_2O_3、CaO、MgO 等），高温淬冷得到的固溶体会保持稳定，不再发生相变，也没有体积变化，这种二氧化锆也称为全稳二氧化锆。

考虑到可操作性，将 ZrO_2 和 20% MgO 混合料均匀混合后，粉压成型，成型压力约 300MPa，然后 1000℃焙烧 6h，快冷至室温。焙烧后的这种混合体具有一定的硬度，体积也不发生变化，可操作性强。

从高温高压处理前后的混合体 X 射线衍射图谱来看（如图 3-21 所示），高温高压处理前后的这种混合体并没有发生任何相变。

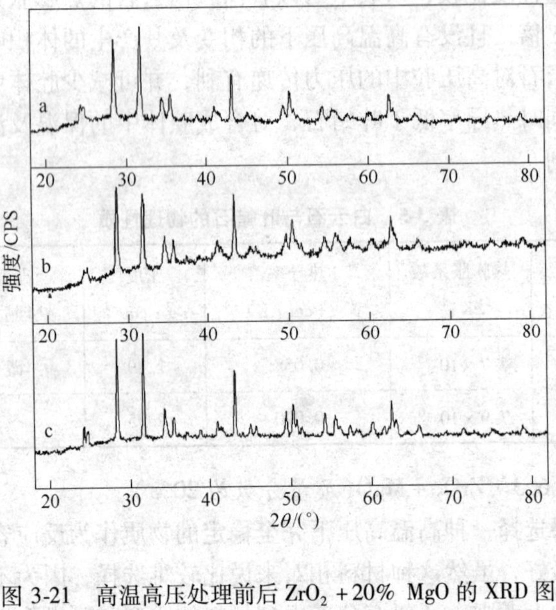

图 3-21　高温高压处理前后 ZrO_2 +20% MgO 的 XRD 图

a—未处理；b—高温高压处理 6h；c—高温高压处理 12h

从大量的高压烧结合成实验来看，无论是稳定性还是可操作性，用这种材料作为反应容器材料完全可以满足批量烧结 AlN 陶瓷材料的要求。

3.2.7 加热源石墨

高压腔体内的热量是通过一层加热套管来实现的，我们称其为加热源。对这种加热材料的选择首先要从稳定性方面考虑，加热源不能在加热过程中发生电阻突变或者连续缓慢的变化。

本实验中选用的加热源原材料是由吉林碳素厂生产的高强高密石墨棒，其具体性能指标如表3-6所示。

表3-6 高强高密石墨棒的性能指标

项 目	体积密度/$g \cdot cm^{-3}$	抗压强度/MPa	电阻率/$\mu\Omega \cdot m$	灰分/%
指 标	1.65～1.80	≥35	≤9	≤0.3

3.3 高压烧结腔体设计

温度和压力是高压烧结陶瓷非常重要的两个工艺参数。高压烧结AlN陶瓷需要一个稳定的温度场和压力场，合理的高压烧结腔体设计对保证温度和压力的稳定性，从而提高AlN陶瓷的性能十分重要。反应腔体结构设计原则是：

（1）烧结腔体组成物质不能污染所烧结的样品。

（2）传压介质在高压下易流动，压差小，压场均匀。

（3）烧结条件下，腔体的轴向径向温度场均匀。

（4）选择适当的在烧结过程中不发生相变的材料，保持压力稳定。

本书中采用的腔体设计如图3-22所示。该组装在AlN陶瓷进行高温高压烧结实验时，具有以下特点：

（1）双层绝缘套管。在组装图中的3所指部分为双层绝缘套管。该部分的目的是增加高压反应腔体的稳定性，以及将样品与加热石墨管隔绝，保持烧结腔体中样品的清洁，减少样品受污染的几率，提高实验的重复性。

（2）加热系统。在组装图中1、8、9、10等部分属于高压烧结腔体的加热部分。其中1、8、9等部分主要用于传导电流，

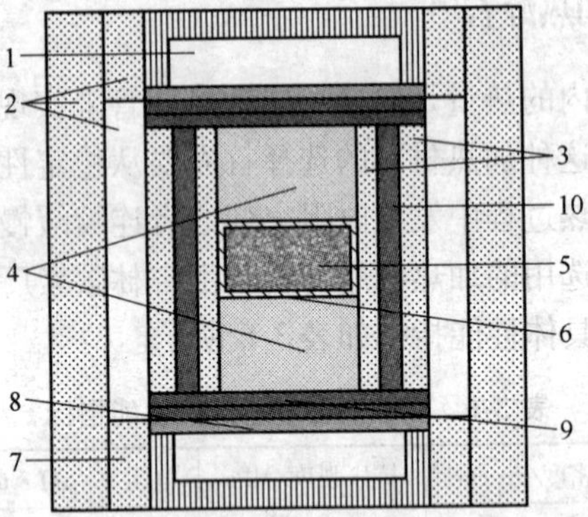

图 3-22　高温高压合成样品组装示意图

1—钢帽；2—叶蜡石块；3—绝缘管；4—绝缘片；5—样品；6—钼箔；
7—叶蜡石环；8—铁片；9—石墨片；10—石墨加热管

10 所示为石墨管为发热体，用于在高压合成实验中产生高温。由于加热的石墨不与反应腔体中的样品接触，因此反应腔体中样品随着温度和压力的变化不影响石墨管的电阻，这样就提高了实验的重复性。

（3）烧结腔体。由于本实验的样品纯度越高性能越好，因此一定要尽量减小样品受污染的机会。钼箔的作用是将样品与绝缘管、绝缘片隔绝以保持样品的清洁。绝缘片的作用是将反应腔体与加热系统隔绝，保持在高压反应时石墨加热管不受反应腔体变化的影响，以提高实验的精度。

3.4　高压烧结 AlN 陶瓷制备工艺流程

3.4.1　高压烧结 AlN 陶瓷工艺流程简介

现代陶瓷的发展中，烧结始终是一个非常重要内容。从根本上说，烧结是促使微细颗粒之间的化学反应和界面结合，从而得到具有一定组分分布、微观结构、宏观稳定形状和其他性能的陶瓷材料。所以，陶瓷制备中烧结工艺起着举足轻重的作用。

常压烧结虽然是人们最常用的陶瓷烧结方法，但是该方法存在很多缺陷，如烧结的素坯易开裂、致密化程度低、烧结时间长、烧结体的密度和硬度达不到要求标准等。虽然高压烧结对设备要求比较苛刻，但高压是合成新材料和探索改进现有材料性能最有力的手段之一。作为一种极端的物理条件，高压能够有效地改变物质的原子间距和原子壳层状态，特别是可以改变对固体的结构和性质起决定性作用的界面原子状态。因此，高压烧结具有明显的优点，如可使素坯快速致密化，降低烧结温度，减少烧结时间，增大烧结体的密度和硬度，提高坯体的力学性能等。

高压烧结就是在给陶瓷粉体或具有一定致密度的坯体加热同时施加很高的压力，以实现陶瓷的压力烧结。

与普通常压烧结工艺不同，高压烧结的工艺过程中，除了粉末的表面自由能的变化为烧结驱动力外，同时还有外加压力作为烧结驱动力，从而影响了烧结进程。由于烧结驱动力的增大，高压可以使得许多其他方法不能烧结的陶瓷实现烧结；其他方法可以烧结的则可以进一步改善其性能同时降低烧结温度，缩短烧结时间，有利于工艺控制。一般来说，同种陶瓷用普通无压烧结和高压烧结相比，高压的材料密度高，质地均匀。同时，因为能够在颗粒成长或重新结晶不大可能进行的温度范围达到致密化，所以高压烧结可以获得由微小晶粒构成的高强度、高密度烧结体。而且，高压烧结的封闭型使得样品不易受到污染，还可减少挥发性物质的挥发，其优点是显而易见的。由于高压工艺的上述特点，尤其是由于现代高技术陶瓷的发展，高压烧结工艺越来越受到人们的重视。

高压烧结中存在普通烧结过程所没有的晶界滑移传质和挤压蠕变传质两种作用。晶界滑移是一种高效率的传质过程。在外加应力的作用下，坯体中的粉料有直接充填堆积间隙的趋势。因而使相邻晶粒间可能出现剪应力，或可能出现晶界相对运动或晶界滑移。当压力小、温度低的时候，粉粒间的啮合摩擦力大于这种剪应力，滑动不能出现。随着温度上升，粉粒的可塑性增加，机械强度下降，若有足够大的压应力出现，晶界就能够滑移。晶界滑移主要是在剪应力作用下的快速传质过程，而挤压蠕变主要是相对静止的晶界在正压力作用下的缓变过程。由于压应力的作用，受压晶界处的空格点附近将出现较高的空格点浓度。在受压晶界与无压晶界之间。便出现明显的空格点浓度差。因而导致了两种晶界之间的传质流，即空格点自无压晶界扩向受压晶界。这就是机械力转变为传质动力的过程。

根据高压过程中不同时间内物质传递的方式，高压烧结的致密化过程可分成：

（1）高压烧结初期，在外加应力作用下，相对密度迅速增大，粉粒重排、晶界滑移引起局部碎裂或塑性流动传质，将堆积空隙填充。

（2）高压烧结后期，密度增加显著减慢，其传质动力是在压力下空间格点扩散以及晶界气孔消失。挤压初期，空格点浓度差及扩散速度较大，密度增长较快，但到挤压后期，蠕变传质不明显，致密化速度较慢。因此，高压烧结后期的外加压力作用不明显，只是利于质点跃过晶界而进行再结晶。

3.4.2　AlN 陶瓷制备工艺

将一定比例烧结助剂加入 AlN 粉体中，研磨混合均匀，以 300MPa 压力干压成 ϕ14.0mm × 5.0mm 的圆柱状坯体，然后进行高压合成块的组装（将坯体装入高压腔体中）。

AlN 烧结采用先加压、后升温方式，加热方法采用电阻间接加热式。烧结开始后 3min 压力升到所需要的压力（3.0 ~ 5.0GPa），升压速率约为 25MPa/s。到达工艺所需压力后，快速加热至烧结温度（1300 ~ 1800℃），保温时间为 3 ~ 125min。烧结完成后，压力在 2min 内降至常压，温度以 210℃/min 左右的速率降至室温。

之所以采取快速升降温度和压力的工艺方法，一方面是因为高压烧结组装保温性能好，另一方面也是因为 AlN 陶瓷本身的高导热性使整个样品的温度比较均一（烧结后样品的直径也仅有 12mm 左右），不会在某一点形成导致样品开裂或局部翘曲的热点。

制成的 AlN 陶瓷，经过冷磨抛光，表面平整度小于 0.01mm，清洗后进行性能检测。

高压烧结 AlN 陶瓷工艺流程如图 3-23 所示。利用六面顶压机制备 AlN 陶瓷的压力制度和温度制度如图 3-24 所示。

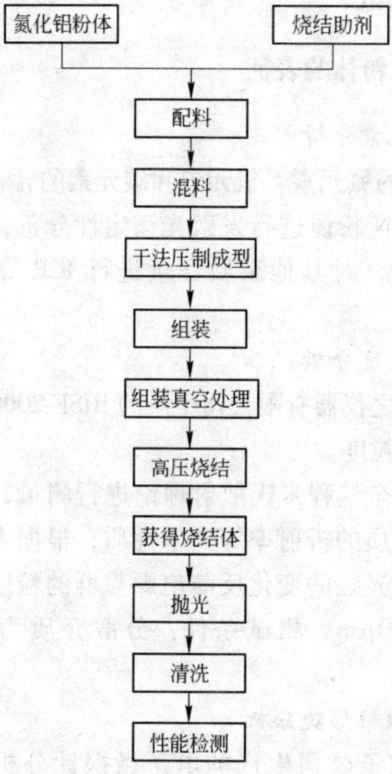

图 3-23　高压烧结 AlN 陶瓷工艺流程图

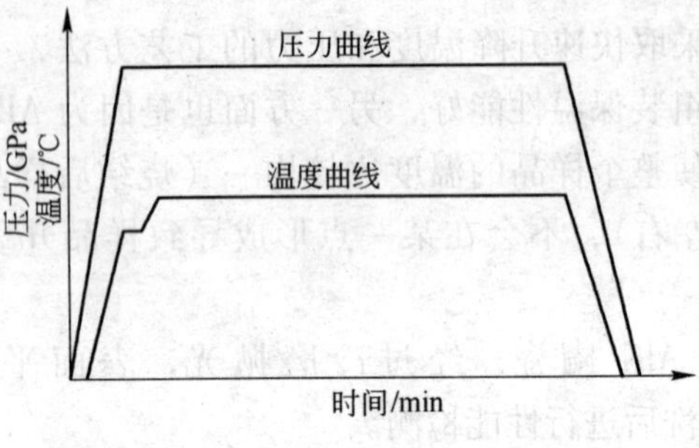

图 3-24 高压烧结温度、压力制度示意图

3.5 分析与测试

3.5.1 AlN 粉体的表征

3.5.1.1 元素分析

AlN 粉体中的氮元素、氧元素和碳元素的含量采用化学成分分析，然后对 AlN 粉体进行发射光谱定性分析，在确定出主要微量杂质元素后，对其他杂质含量进行 ICP 等离子光谱定量分析。

3.5.1.2 粒度分析

采用济南润之仪器有限公司生产的 RISE-2008 型激光粒度分析仪测定粉体的粒度。

该仪器采用全量程米氏散射理论进行测量，充分考虑到被测颗粒和分散介质的折射率等光学性质，根据大小不同的颗粒在各角度上散射光强的变化反演出颗粒群的粒度分布数据。量程为 0.02 ~ 1200μm。测试条件：分散介质为乙醇，超声时间 60s。

3.5.1.3 颗粒形貌分析

利用日本电子公司生产的电子微探针分析仪（JEOLJXA-8200）来观察颗粒形貌、颗粒大小及团聚情况。

3.5.2 组织结构分析

3.5.2.1 X 射线衍射分析

AlN 粉体和高压烧结体的物相分析用 X 射线衍射（XRD）（D/MAX-2550V，Rigaku Tokyo，Japan）进行测定，并根据布拉格公式及原理计算晶格常数。测试条件为：采用 Cu 靶，$K_{\alpha1}$ 射线，Ni 滤波片；管电压 40kV，管电流 40mA；狭缝尺寸 DS = 1°，RD = 0.15，SS = 1°；扫描速度为 1°/min。为保证测试精度，致密试样表面经金刚石砂轮磨削，金刚石抛光液抛光处理后定性及定量分析产物的相组成。

3.5.2.2 显微结构及元素定量分析

采用日本电子公司的电子微探针分析仪（EPMA，型号 JEOL JXA-8200）对烧结样品进行断裂面的形貌分析（SEM）。通过拍摄断口的二次电子像和背散射像，直接观察陶瓷烧结体的断面形貌。

利用电子微探针分析仪的波长分散式电子微探仪（Wavelength Depressive Spectroscope，WDS）对高压烧结体试样进行元素成分分析。进行元素分析时，先将样品磨平、抛光、超声清洗后，再在样品表面选取几个有代表性的微区进行成分分析。

3.5.2.3 拉曼光谱

采用 Renishaw 公司生产的 RM 1000R 型激光拉曼光谱仪，选取激光波长为 514.5nm 的氩离子激光器（能量为 100mW），根据 AlN 的特征峰出现范围，仪器的扫描频谱范围设定为 100 ~ 1000cm^{-1}。在实际的测试过程中，增加仪器的重复次数，可以减少噪声和使曲线光滑、毛刺少，且容易读出数据。为了能够随时观察波形的变化，选用的扫描速度为 0.5s/div，灵敏度为 5 挡。光学显微镜既被用于激光的调焦也用来搜集散射光。光频率用三倍单色 CCD 照相。激光柱照射于样品上的直径在约 2.0μm。激光透入深度估计在 5.0μm。

3.5.3　AlN 物理性能测试与表征

3.5.3.1　密度与相对密度

根据阿基米得原理测样品的密度。烧结出的样品经打磨去除表面黏接的杂质层，再放在丙酮里用超声波清洗干净，然后放在鼓风干燥箱烘干 2h 以上，放于干燥器中冷却 1h 后，测其在空气中的干重 G_1。然后将样品置于蒸馏水中，放在真空干燥箱里抽真空半小时，使蒸馏水充分渗透到样品内部空隙。使用净水力学天平测其在蒸馏水中的浸重 G_2，再用潮湿的棉布将样品表面的水滴吸净，测其在空气中的湿重 G_3。由此根据式（3-1）和式（3-2）可计算得到样品的体积密度和开气孔率：

$$\rho = \frac{G_1}{G_3 - G_2} \times \rho_w \tag{3-1}$$

$$\varphi = \frac{G_3 - G_1}{G_3 - G_2} \times 100\% \tag{3-2}$$

式中　ρ_w ——所用蒸馏水的密度，一般认为是 $1g/cm^3$。

对于无相反应的多相组元复合体系其密度应满足线形复合法则：

$$\rho_0 = \sum_{i=1}^{n} \rho_i V_i \tag{3-3}$$

式中　ρ_i ——i 组元的密度，g/cm^3；

V_i——i 组元的体积分数，%。

根据各组元的理论密度可按式（3-3）计算出 AlN 陶瓷的理论密度。样品的相对密度由式（3-4）计算：

$$\eta = \frac{\rho}{\rho_0} \times 100\% \tag{3-4}$$

式中　ρ ——样品的密度；

ρ_0 ——相应于该样品组成的理论密度。

3.5.3.2 热导率测试

测量热扩散率的方法很多，包括交流量热法，瞬时光栅法，3ω 方法等。在这些方法之中，或者以热电偶作传感器，因接触式而影响测量精度，或者因为器件和装置的复杂性使用不便。

本书 AlN 高压烧结体热导率测试采用激光光热偏转法，测试温度是室温。样品加工成 10mm × 10mm × 0.5mm 形状，在 PDS-Ⅱ型光热偏转热导测试仪上进行测试。

激光光热偏转法是基于光热偏转光谱技术提出的固体材料热扩散率的测量方法，由于这个方法是非接触式的，优点很多，如具有较高的精度、可测量各方向的热扩散率、测量的动态范围大、测量方便等。

该方法的测量原理为一束调制的激光入射在对其有吸收的样品上，将会发生调制的光热效应，因而产生具有高衰减特性的热波，向样品和样品邻接的介质传播，引起各介质的折射率变化，设置在样品表面邻近空气中的探测激光就会发生偏转。显然，如若探测激光和泵浦激光相垂直并在样品表面上掠过，如图 3-25 所示，称横向激光光热偏转方式检测。图 3-26 为横向激光光热偏转方式检测装置。

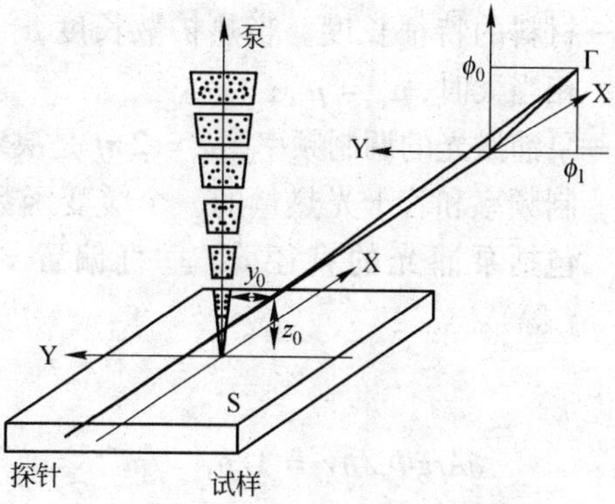

图 3-25 横向激光光热偏转方式测量装置的光学布置

图 3-26 横向激光光热偏转方式测量装置

其偏转信号的切向分量完全反映了这种热波向样品表面和空气扩散的特性，因为偏转信号的相位决定于定义为横向偏置的探测光和泵浦光之间的距离。因此，光偏信号的相位包含了样品表面热扩散的信息。求解由空气、样品和基底组成的三层介质模型的三维热传导方程，可导出横向激光光热偏转方式检测的切向分量的表达式为：

$$\Phi_t = |\Phi_t|\exp[j\omega t - j(y/\mu_t - \phi_0)] \quad (3\text{-}5)$$

式中 μ_t——材料的特征长度。当热扩散长度 $\mu_s = [k_s/\pi f]^{1/2}$ 相当大时，$\mu_t = \mu_s$；

f——泵浦激光的调制频率，$\omega = 2\pi f$ 是决定于泵浦光调制频率和若干光热量的一个缓变函数（光热参量包括泵浦光的直径 a，垂直偏置 z 和横向偏置 y 等）。

所以可得：

$$\partial Arg\Phi_t/\partial y = 1/\mu_t = m' \quad (3\text{-}6)$$

由式（3-6）可见，光热偏转信号的切向分量的相位和横向

偏置 y 呈线性关系，其斜率 m' 的倒数和特征长度相等，所以：

$$\mu_t = \mu_s = [k_s/\pi f]^{1/2} = 1/m' \qquad (3\text{-}7)$$

$$k_s = \pi f/m'^2 \qquad (3\text{-}8)$$

由式（3-8）可见，当测得光热偏转信号切向分量的相位和横向偏置的线性关系，则可由其斜率 m' 而求得热扩散率 k_s 了。

4 纯 AlN 粉体的高压烧结研究

4.1 引言

高压烧结功能陶瓷材料具有快速、高纯、细晶粒、高致密性等优点。对于高压烧结来讲，更重要的是高压状态下材料的相关性能会发生一定的变化，如果将高压状态保留（截获）到常压下，无疑将有利于我们获得性能优良的功能陶瓷材料。

从国内外文献检索来看，利用国产六面顶压机在高压极端条件下低温烧结 AlN 陶瓷，属于开创性的研究领域，国内外相关的报道极少。对 AlN 高压烧结的研究将为 AlN 陶瓷材料及其他非氧化物陶瓷材料的制备提供一条崭新的思路。因此，该研究具有非常重要的理论意义。

随着功能陶瓷材料制备技术的发展和材料性能的进一步提高，AlN 陶瓷体材料在高科技领域必然会发挥越来越重要的作用，其应用范围也必然会得到进一步的扩大。因此，AlN 的高压烧结研究不但具有重要的理论意义，而且有非常重要的实用价值。

本章主要研究了纯 AlN 粉体（未添加烧结助剂）的高压烧结，对烧结时间、烧结温度和压力等工艺参数对 AlN 高压烧结特性及导热性能的影响进行了研究，并从微观结构方面对影响 AlN 导热性能的因素进行了探讨。

4.2 AlN 粉体的高压烧结特性

一般可以通过以下三种途径可获得致密的高性能 AlN 陶瓷：

（1）使用 AlN 超细粉。

（2）热压、热等静压烧结以及高压烧结。

（3）引入能导致液相生成的烧结助剂进行无压烧结。

第一种途径受粉体性能影响比较大，通常商业 AlN 粉无法满足要求。所以，一般采用后面两种方法制备 AlN 陶瓷，特别是将第二种和第三种方法结合被广泛采用。AlN 粉体在常压下是很难烧结致密的，烧结后陶瓷体的密度一般仅为理论密度的 92% ~98%。而加压烧结时，在压力作用下，坯体中的颗粒堆积得更紧密，接触面积增大，烧结被加速。外界压力提供额外的推动力使闭气孔通过物料的黏性或塑性流动得以消失，从而获得高致密度的 AlN 陶瓷。

无添加剂的 AlN 的烧结一般在热压下进行，研究表明，氧含量很低的 AlN 粉体在无添加剂的情况下很难致密化，在 1950℃、30 ~40MPa 压力下 AlN 粉体致密化需要的氧含量在 2% 左右，氧在烧结过程中有两个作用：一是氧置换氮的位置形成缺陷可以提高物质的迁移能力；二是在 1900℃以上氧化物可形成液相，实现液相烧结。Foster 最早实现了无添加剂 AlN 的无压烧结，他使用 CO 还原气氛，烧结温度超过 1950℃，其机理是由于 CO 的存在，在 AlN 颗粒表面形成了 Al_2OC，而 Al_2OC 易与 AlN 形成固溶体，从而提高了颗粒的表面能，达到致密化烧结的目的。Komeya 使用细磨的 AlN 粉体，在氮气或氩气环境下，温度为 1900 ~2000℃烧结获得了 98% 的理论密度。可以看出，常压烧结纯 AlN 粉体获得的烧结体致密度一般不高，不能满足高热导率的要求。

本节主要阐述了纯 AlN 陶瓷的高压烧结特性，并对其影响因素进行了分析。

4.2.1 实验方法

4.2.1.1 原料

原料采用北京安泰科技股份有限公司难熔材料分公司自蔓延

法生产的 AlN 粉体。该粉体的粒度、化学成分见 3.1.1 节所述。

4.2.1.2 样品制备

样品的高压烧结是在国产六面顶机（XKY-6×1200MN）上进行的。该高温高压设备具有长时间高精度的温度压力稳定性控制能力，为本实验的进行提供了条件。

六面顶压机的压力是根据铋(Bi)、钡(Ba)和铊(Tl)的高压相变点所建立的油压与腔体内部压力的定标曲线进行标定的。合成温度是根据 Pt 60% Rh-Pt 30% Rh 热电偶测定的输入功率与温度的关系曲线进行标定的。

AlN 粉体预压成 ϕ14.0mm×5.0mm 的圆柱状坯体，封装在钼腔中。高压烧结腔体采用图 3-4 的组装，该组装能够保证烧结体不受污染和烧结温度的均匀性。实验的烧结压力设定为 3.0～5.0GPa，烧结温度为 1300～1800℃，烧结时间从 5min 到 125min 不等。

4.2.2 AlN 粉体的高压烧结性能

高压烧结工艺参数（温度、时间、压力）对纯 AlN 材料相对密度的影响如图 4-1 所示。

从图 4-1a 可以看出，当烧结温度为 1700℃，压力为 5.0GPa 时，仅仅烧结 5min，AlN 的相对密度就达到了 98.9%。当高压烧结时间从 5min 延长到 50min 时，相对密度增加到 99.9%，达到了最大值。当烧结时间延长，超过 50min，材料的相对密度基本保持不变，甚至有所下降。

图 4-1b 显示了在高压烧结 AlN 陶瓷体材料时烧结压力对其致密度的影响。烧结压力在 3.1～3.8GPa 之间，AlN 陶瓷的相对密度提高较快。虽然致密度在 5.0GPa 时达到最大值，但在 3.8GPa 以上，材料的相对密度增加不是很明显。这说明对于未掺加烧结助剂的高压烧结 AlN 陶瓷体材料，3.8GPa 可能是一个较为合适的压力。

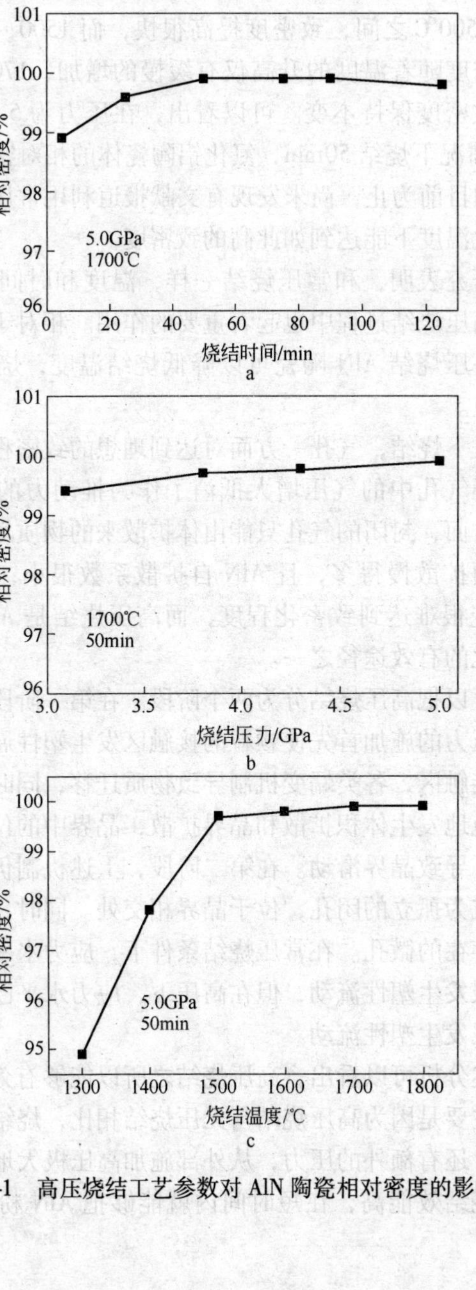

图 4-1　高压烧结工艺参数对 AlN 陶瓷相对密度的影响

从图 4-1c 可以看出，在 5.0GPa，50min 条件下，烧结温度在 1300 ~ 1500℃之间，致密度提高很快，而 1500 ~ 1700℃，材料的相对密度随着温度的升高仅有缓慢的增加，1700 ~ 1800℃，烧结体的致密度保持不变。可以看出，在压力为 5.0GPa，温度为 1300℃情况下烧结 50min，氮化铝陶瓷体的相对密度就达到了 94.9%，到目前为止，尚未发现有文献报道利用常压或者热压烧结手段在此温度下能达到如此高的致密度。

上述研究表明，和常压烧结一样，温度和时间在 AlN 陶瓷体材料的高压烧结过程中也起着重要的作用。相对于传统烧结方法来讲，高压烧结 AlN 陶瓷可以降低烧结温度，烧结时间也有明显的缩短。

在常压下烧结，气孔一方面对达到理想的致密程度有很大的障碍，生胚气孔中的气压增大抵消了作为推动力的界面能的作用，另一方面，封闭的气孔只能由体扩散来的物质填充，而体扩散要比界面扩散慢得多，且 AlN 自扩散系数很小，因此无压烧结 AlN 陶瓷很难达到致密化程度，而高压烧结是 AlN 陶瓷达到理想致密化的有效途径之一。

一般可以把高压烧结分为两个阶段。在第一阶段，也就是烧结初期，压力的施加首先使颗粒的接触区发生塑性屈服，然后在增加了的接触区，各类蠕变机制导致物质迁移，同时，原子或空位不可避免地发生体积扩散和晶界扩散，晶界中的位错也可能沿晶界攀移，导致晶界滑动。在第二阶段，上述机制仍然存在，只不过孔洞成为孤立的闭孔，位于晶界相交处。同时，并不排除在晶粒内部存在的微孔。在常压烧结条件下，应力水平不足以使材料全部屈服发生塑性流动，但在高压下，应力水平已足够使材料大部分屈服发生塑性流动。

从上述分析可以看出，高压烧结之所以能够有效地促进 AlN 的烧结，主要是因为高压烧结与无压烧结相比，烧结驱动力除了表面能外，还有额外的压力，从外部施加高压极大地补充了驱动力，因此烧结效能高，在短时间内就能够把 AlN 粉末烧结为致密均匀的陶瓷体材料。

4.2.3 粉体的颗粒度对 AlN 烧结性能的影响

为了研究高压下粉体粒径对 AlN 烧结性能的影响，分别将未添加烧结助剂的粒度为 0.5μm 和 2.1μm 的两种 AlN 粉体，压制成型后在 5.0GPa、50min、1300～1800℃条件下烧结，测其相对密度。图 4-2 为无添加助剂的 AlN 粉体在不同温度下高压烧结试样的相对密度变化情况。从图 4-2 中可以看出，随着温度的提高，无烧结助剂的 AlN 高压烧结体的相对密度均增大。对于粒度为 0.5μm 微粉，在 1300～1500℃之间致密度增加很快，在 1500℃就可以获得大于 99.65% 的理论密度，继续升高温度，试样的密度仅有微小幅度的增加。而粒度 2.1μm 的微粉其在温度 1300～1500℃之间致密度仅有略微的增加，在 1500～1800℃温度区间时，试样的相对密度随温度的升高而急剧增加，在 1800℃，烧结 50min 其相对密度达 99.23%，已经致密化。

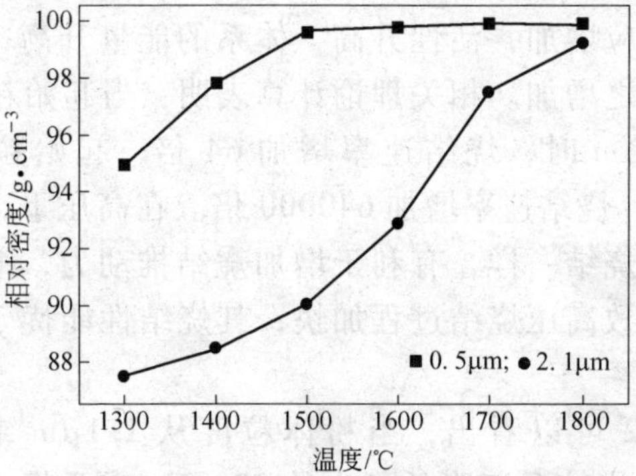

图 4-2 粒度对 AlN 高压烧结性能的影响

由此可以得出，AlN 粉体的颗粒大小对其高压烧结性能也有着直接的影响。粒径小的粉体具有更好的高压烧结性能。

通常来讲，陶瓷粉体（包括 AlN 粉体）的烧结性能通常由纯度、比表面积、颗粒尺寸以及颗粒尺寸分布等所决定。有研究表明，在无助烧结剂时，利用热压烧结来获得致密的 AlN 烧结体至少需要 2% 的氧含量（以 Al_2O_3 的形式存在于 AlN 颗粒表面），可见杂质氧的含量对无压烧结 AlN 非常重要。Sakai 等报道了含氧量 7.22% AlN 的自扩散系数大于氧含量为 1.61% 的 AlN，也可以认为 AlN 粉体的可烧结性随氧含量的增加而增加。Culbertson 等研究了氧含量为 5% 的 AlN 颗粒尺寸对其烧结性能的影响，他认为 AlN 的颗粒尺寸对 AlN 的烧结行为有重要影响。颗粒越细，无压烧结 AlN 所需要的温度越低。N. Hashimoto 等人的进一步研究表明：氧含量并不是影响 AlN 材料致密度的最关键性因素，与 AlN 表面氧含量相比，粉体粒度才是影响 AlN 烧结性能的关键因素。因此固定这两种 AlN 粉体的氧含量，它们烧结行为的差异则主要由于 AlN 粉体颗粒粒度的影响所引起。

众所周知，随着粉体粒径的减小，粉体的比表面积增大，其表面能相应增加，活性升高，体系的能量升高，烧结的驱动力也就随之增加。相关理论计算表明：当起始粒度从 2μm 缩小到 0.5μm 时，烧结速率增加 64 倍，起始粒度缩小到 0.05μm 时，烧结速率增加 640000 倍。在高压下，颗粒细的微粉同常压烧结一样，有利于增加烧结推动力，缩短原子扩散距离，导致高压烧结过程加快，其烧结性能优于粒径粗的粉体。

从图 4-2 可以看出，当粉体粒度从 2.1μm 缩小到 0.5μm 时，高压烧结温度降低了大约 300℃。需要指出的是：在试验中，采用表面氧含量相同的两种 AlN 微粉为原料，可以认为这两种 AlN 粉体具有相同的总氧含量（表面氧含量）以及相同的晶格氧含量。这样，就可以排除氧对 AlN 粉体高压性能的影响，而只考虑分析颗粒粒度对烧结所造成的影响。

4.3 高压烧结纯 AlN 陶瓷的物相分析

对 AlN 粉体及其高压烧结体进行了 XRD 检测，发现烧结温度相同（1700℃），而保温时间不同的 AlN 陶瓷体的 X 射线衍射图谱基本相同。图 4-3a 是 AlN 粉体的衍射图谱，图中除了 AlN 的主晶相外，没有发现明显的其他物质特征峰的存在。图 4-3b、图 4-3c 分别是在 5.0GPa、1700℃条件下烧结 75min 和 125min 的 AlN 烧结体的 X 射线衍射图。可以看出，AlN 陶瓷烧结体的 X 射线衍射图谱与粉体基本相同。

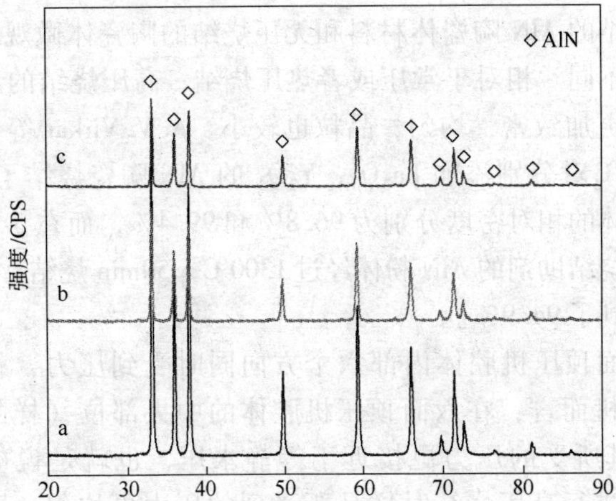

图 4-3 AlN 粉体及其陶瓷烧结体的 X 射线衍射图谱

依据图 4-3a、图 4-3c 中 AlN 相的晶体衍射特征峰值，分别计算了 AlN 粉体和高压烧结体的晶格常数。自蔓延方法制备的 AlN 粉体的晶格常数为：$a = 0.3115$nm，$c = 0.4984$nm，而在 5.0GPa、1700℃、75min 条件下烧结的 AlN 的晶格常数为：$a = 0.3111$nm，$c = 0.4974$nm。可以看出，经过高压烧结后，AlN 的晶格常数减小了约 0.09%。

AlN 晶格常数减小的主要原因是高压手段的应用。高压使得组成物质的原子之间的间距有所压缩，外在表现为晶格常数的减小。上述实验现象符合 Gorczyca 等和 M. Ueno 等对 AlN 在高压、超高压下（0 ~ 22.9GPa）晶格常数变化的计算结果。

4.4　高压烧结纯 AlN 陶瓷的微观结构

4.4.1　高压烧结时间对 AlN 显微结构的影响

对 1700℃、5.0GPa 条件下分别经过 5min、50min、75min、125min 烧结的 AlN 陶瓷体进行了 SEM 分析。从图 4-4 可以看出，高压烧结的 AlN 陶瓷体材料和无压烧结的陶瓷体微观结构有着明显的不同。相对于常压或者热压烧结，高压烧结的 AlN 陶瓷体结构更加致密，均匀，晶粒也较小。A. V. Virkar 等人在常压下 1850℃对分别添加 La_2O_3、Y_2O_3 的 AlN 陶瓷烧结了 100min，其烧结体的相对密度分别为 96.8% 和 99.4%，而在 5.0GPa 下，无添加烧结助剂的 AlN 粉体经过 1300℃、50min 烧结，其相对密度就达到了 94.9%。

六面顶压机腔体内部六个方向同时受到压力，相对于两面顶压机而言，在六面顶压机腔体的中央部位（样品所在位置），其所受的压力更接近于等静水压，也就是说应用六面顶压机进行高压烧结时样品所受到的压力更均匀，更接近于高压下的热等静压烧结技术，这有助于提高样品微观结构的均匀性。

从图 4-4a 可以看出，经过高压下 5min 烧结的 AlN 还含有少量的气孔，晶界不明显，且未发现明显的其他相物质的存在。这说明烧结时间太短，AlN 陶瓷烧结体没有达到完全致密化，这时候的 AlN 体材料的相对密度是 98.9%。由此推测，在未添加烧结助剂的 AlN 的烧结初期，烧结机制主要是固相烧结。

从图 4-4a、图 4-4b、图 4-4c 可以看出，随着烧结时间的延

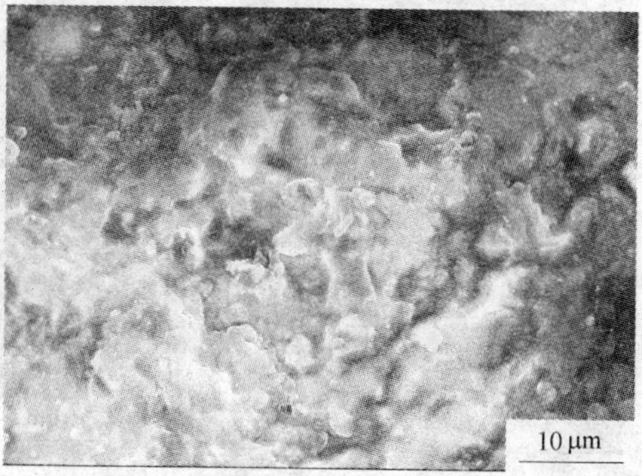

a

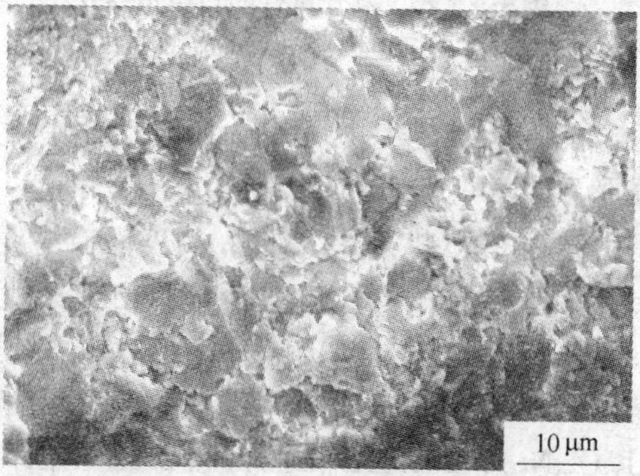

b

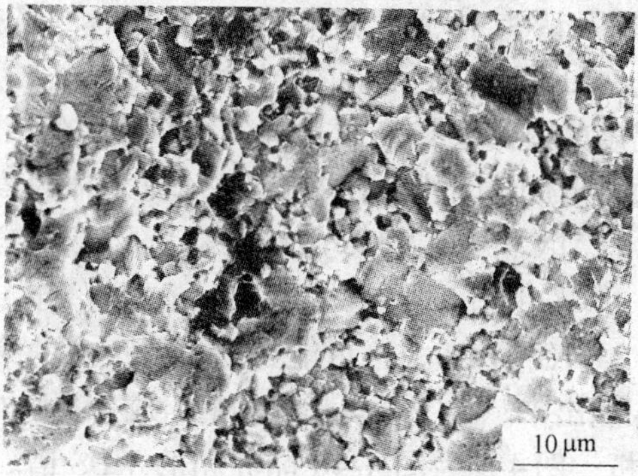

c

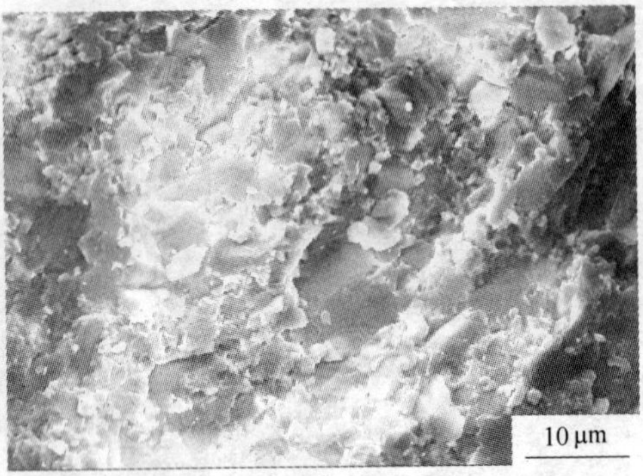

d

图 4-4 AlN 陶瓷试样断口电镜照片

a—5min；b—50min；c—75min；d—125min

长，断裂模式以穿晶断裂为主。在 AlN 烧结体中发现了很少量的晶界相物质。从 AlN 粉体的化学分析可以知道，自蔓延高温合成的 AlN 粉体存在一些杂质，如 AlN 表面有少量 Al_2O_3 的存在，这些杂质在高温下和 AlN 产生反应，由此产生少量的晶界相物质。Y. W. Kim 等人对富 AlN 的 AlN-Al_2O_3 系统进行了研究，发现该系统在 1700℃ 及以上温度，会产生 AlON 相组织，包括 φ′-AlON($Al_{22}O_{30}N_2$)，20H($Al_{10}N_8O_3$) 和 27R($Al_9N_7O_3$) 等。晶界相的产生对纯 AlN 粉体的高压烧结应能起到一定的促进作用。

Sakai 等人认为对 AlN 进行无压烧结时，当烧结温度在 1200℃ 以上，AlN 粉体表面上的 Al_2O_3 会转变成 α-Al_2O_3，然后随着烧结温度的提高会转变成具有尖晶石结构的 AlON 相，AlN 晶粒之间通过形成晶间相 AlON 而促进 AlN 粉体的致密化。

图 4-3 为 AlN 粉体在 1700℃ 无烧结助剂情况下高压烧结后的 XRD 图谱，从图中看到烧结体中都只有单一相 AlN，而无 α-Al_2O_3 或者 AlON 相存在，这可能是因为 AlN 中的第二相含量太少而未能探测出来。为了分析晶界相的组成，我们对晶界相进行了 WDS 分析，图 4-5 为图 4-4d 晶界相的 WDS 谱。从晶界相的 WDS 谱可以看出，该晶界主要为 Al、O、N 组成，由此我们可

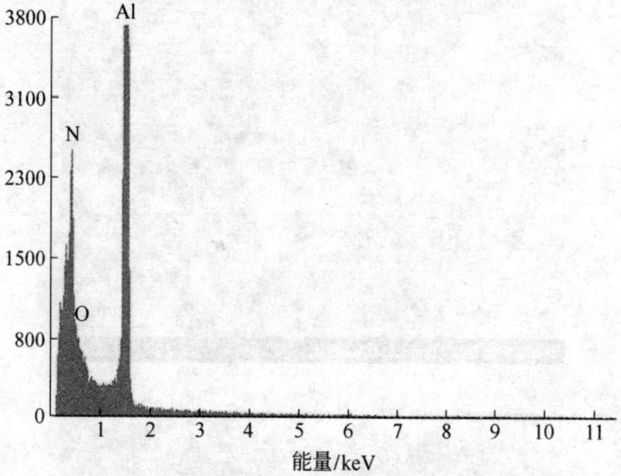

图 4-5 纯 AlN 高压烧结体晶界相的 WDS 谱

以推测此时形成了 AlON 相。AlN 晶粒之间形成了 AlON 相，它促进 AlN 在晶界中的传质，这是 AlN 粉体在无烧结助剂情况下能低温致密化，除了高压的作用外的另一个原因。

4.4.2 高压烧结温度对 AlN 显微结构的影响

在 5.0GPa、50min 条件下，烧结温度分别是 1300℃、1400℃、1800℃的高压烧结试样断裂面的 SEM 扫描照片见图 4-6 所示。从图 4-6a 和图 4-6b 可以看出，烧结温度为 1300℃和 1400℃的试样中间包含一定的气孔相，在晶粒之间没有发现明显的晶界相。这表明在 1300℃和 1400℃条件下烧结不能使得 AlN 完全致密化，该条件下 AlN 试样的相对密度分别为 94.9% 和 97.9%，从电镜照片来看，在低温下（<1400℃）无添加助剂的 AlN 粉体的烧结时物质传递方式以固相扩散为主。

图 4-6a 可以看出试样的断裂模式以晶界断裂为主。随着烧结温度的提高，体扩散变得越来越容易和迅速，根据图 4-6b 所示，烧结温度达到 1400℃，试样中已经能够观测到穿晶断裂模

5μm
S4800-5 15.0kV 7.0mm x3.50k SE(U)
10.0um

a

5μm
S4800-1 15.0kV 10.4mm x3.50k SE(U)
10.0um

b

5μm
S4800-7 15.0kV 8.9mm x5.00k SE(U)
10.0um

c

d

图 4-6　高压烧结 AlN 陶瓷断裂面 SEM 照片
a—1300℃；b—1400℃；c—1700℃；d—1800℃

式，这是因为烧结温度的提高使得 AlN 晶粒逐渐长大，而且晶粒之间的连接更加紧密。图 4-6c 是试样（烧结条件为 5.0GPa、1700℃、50min）的断裂面电镜照片，可以看出温度的升高致使温度晶粒长大，其断裂模式主要是穿晶断裂，说明温度的升高使得 AlN 陶瓷几乎完全致密化，材料的强度也会随之增加。

从图 4-6c 和图 4-6d 可以看出，在高温烧结的 AlN 试样晶粒之间的"颈"处有少许晶界相，这些晶界相可能是 AlN 粉体的表面存在的 Al_2O_3 与 AlN 在高温下反应生成的 AlON 相，但由于本身以 Al_2O_3 形式存在的氧（O）含量很低（约 1.2%），生成的晶界相量也较少。这说明简单地把纯 AlN 高温烧结机理归结为固相烧结是不正确的，由于有液相的存在，溶解与沉淀机理在晶粒的生长过程中也起着一定的作用。

从上面的讨论可以知道，随着高压烧结温度的提高，AlN 高压烧结体晶粒之间就有着更好的连接，这也是为什么断裂模式从低温烧结的晶界断裂模式过渡到高温烧结的穿晶断裂模式的原因。

图 4-6d 为高压烧结试样（5.0GPa、1800℃、50min）断裂面的电镜照片。图中 AlN 晶粒大部分以等轴晶粒的形态存在。此外，因为没有添加烧结助剂，所以 AlN 晶粒周围只存在很少的第二相，因此，AlN 晶粒之间连接紧密且形状比较完整。从二维平面看，在 5.0GPa、1800℃、50min 条件下烧结的 AlN 试样的晶粒几乎都为五边形和六边形。也就是说，该试样形成了单相多晶等轴晶粒组织。

烧结时致密化的主要驱动力是表面（界面）能，在高压烧结时外加压力作用也非常显著。在二维情况下，3 个晶界相互成 120°交于一点时能量最低，即所有的晶粒都为正六角形时最稳定。如果在三维空间中，则三叉晶界处交在一起的 3 个晶粒的表面必须成 120°，这样用简单的正多面体来填充空间不能完全满足上述条件，而将正八面体的顶点切去得到正六八面体，即可使上述填充条件得到满足。此多面体是有正方形面和六边形面构成的。实际上，各向同性物质晶粒的表面大多都是四边形、五边形及六边形，其他形状很少。在 5.0GPa、1800℃、50min 条件下烧结的 AlN 试样，由于高压及高温的作用，且烧结时没有添加任何烧结助剂，所以晶界结合致密，无其他晶界相存在，因此形成 AlN 单相多晶等轴晶粒组织。这种组织因为晶粒结合致密，晶粒形态规则完整，因此应该具有较高的强度。

4.5　高压烧结纯 AlN 陶瓷的热导率

表 4-1 给出了无添加烧结助剂 AlN 高压烧结样品的相对密度和热导率。从表 4-1 可以看出，高压烧结的无添加烧结助剂的 AlN 陶瓷的热导率随着烧结温度的提高以及烧结时间的延长而有所提高。

如果排除气孔的影响（假定样品完全致密化），根据公式4-1 可以算出该样品的热导率（见表 4-1）：

$$k_c \approx k_m \frac{1 + \frac{1}{2}\phi}{1 - \phi} \tag{4-1}$$

式中 k_c——完全致密化的 AlN 陶瓷的热导率；

k_m——实际样品的热导率；

ϕ——样品的气孔率。

表 4-1 5.0GPa 高压烧结纯 AlN 陶瓷的相对密度和热导率

烧结条件	相对密度/%	热导率/W·(m·K)$^{-1}$	热导率计算值/W·(m·K)$^{-1}$
1300℃、50min	94.8	55.2	59.7
1400℃、50min	97.9	67.9	70.1
1700℃、50min	99.7	88.2	88.6
1700℃、125min	99.7	102.5	103.0
1800℃、50min	99.7	107.6	108.1

从表 4-1 看出，致密化是 AlN 陶瓷获得高热导率的第一原则，而高压烧结恰好可以有助于材料致密度的提高，从而在一定程度上提高 AlN 的热导率。但是，当其充分致密后，晶格缺陷特别是与氧有关的缺陷对声子的散射严重阻碍了热导率的提高。

在 1700℃ 经过 50min 烧结的完全致密化的 AlN 陶瓷的热导率为 88.6W/(m·K)，这个排除了气孔影响的热导率的值还是远远小于同等烧结下添加烧结助剂的 AlN 样品的热导率。无添加烧结助剂的 AlN 的热导率之所以如此低，可以根据高压烧结的热力学来解释。

AlN 粉体难免有氧杂质的存在，在烧结中，氧杂质以置换固溶的方式进入 AlN 晶格中的氮的位置，为了补偿电子价态，在 AlN 晶格中会产生铝空位。这样，原子质量差异和空位会引起声子散射，从而导致热导率急剧降低。在 AlN 晶格中氧扩散的驱动力是晶体内部和晶界相中氧的浓度差（可以称之为氧势）。无添加烧结助剂的情况下烧结，固溶于 AlN 晶格内部和表面的氧（以 Al_2O_3 的形式存在）活性非常相近。虽然在高压烧结过程中 Al_2O_3 和 AlN 可以形成一些液相，但是氧向晶界处的扩散也缺乏驱动力。所以，要想制备高热导率的 AlN 陶瓷材料，必须添加一些有效的烧结助剂（如 Y_2O_3、La_2O_3、CaO 等），通过反应生成铝酸盐来降低铝的氧化物的活性，驱动氧向晶界相扩散，从而促进烧结的进行和纯化 AlN 晶格。

4.6　本章内容在国外期刊发表的论文

Low-temperature Sintering of High-density Aluminium Nitride Ceramics without Additives at High Pressure

Abstract: A high-density AlN ceramics was fabricated without additives under high pressure (3.15 ~ 4.95GPa) at a low temperature (1300℃), which was 300 ~ 500℃ lower than that for conventional liquid-phase sintering, in a cubic anvil high-pressure and high-temperature apparatus. The relative density of pure AlN ceramics is 94.92% at 1300℃, 4.75GPa for 50min. Some obvious phases were found in the neck area between AlN grains. The grain growth by solution-precipitation must play some role.

Key words: Aluminium nitride; High pressure; Low-temperature sintering; High-density; Ceramics

Aluminium nitride (AlN) is considered to be a promising material for electronic substrate and package because of its high thermal conductivity, low dielectric constant and thermal expansion matching with that of silicon[1~3]. However, due to its strong covalent bonding (Al-N), and small self-diffusion coefficients of constituent elements, full densification of pure AlN is difficult to attain, even at high temperature above 1800℃. In order to lower the sintering temperature and remove the oxygen atoms from the grain boundaries and lattices, some additives such as CaO, Y_2O_3 and other rare-earth oxides or alkaline earth oxides have been tried to improving the sintering process[4~7]. AlN ceramics, which room-temperature thermal conductivities range from 70 to 260W/(m · K), can be fabricated by pressureless sintering with post heat-treatment, hot pressing, and hot isostatic pressing. Recently, there has been a growing interest in low-temperature sintering of AlN ceramics[8~10]. Troceynski and Nicholson successfully prepared dense AlN ceramics using Y_2O_3, CaO, SiO_2, La_2O_3, and CeO_2 as sintering additives at 1600℃ for 1h[11]. However, the amount of additives used was very high: 9%. Streicher et al. sintered AlN at 1650℃ in the presence of 0.5% $CaCO_3$, or $3CaO \cdot 3SiO_2 \cdot Al_2O_3$[12]. Jarrige et al. obtained a dense material by heating AlN at 1600℃ using Y_2O_3-$12CaO \cdot 7Al_2O_3$ (abbreviated $C_{12}A_7$) or $CaYAlO_4$-$C_{12}A_7$ mixtures as sintering additives[13]. Some multicomponent additive systems have also been proposed and sintering temperature as low as 1550℃ has been reported[14~17].

Sintering of ceramic materials at high pressure is rarely applied in studies of AlN bodies. Z. Y. Lu et al. produced AlN ceramics doped with Y_2O_3 by a belt-type press compressor as sintering equipment[18]. A. Witek et al. sintered oxygen-free aluminium nitride ceramics under a high pressure of 6.5GPa at a high temperature of 2000℃ for 30min in a belt apparatus[19]. However, Z. Y. Lu et al. did not study the sintering of AlN without additives at high pressure. Although A. Witek et al. gained pure AlN ceramics with sintering additives under a high pressure, a temperature as high as 2000℃ was employed. Low temperature sintering of AlN without sintering additives has not yet been obtained at high pressure until now. In the present work, a high-density aluminium nitride (AlN) body without additives was fabricated in a cubic anvil high-pressure and high-temperature apparatus (SPD-6 × 1200, China) with a cubic sample chamber of 7.5mm edge length under temperature 1300 ~ 1800℃ and pressure 3.15 ~ 4.95GPa for 5 ~ 125min. The objectives of the article are: to prepare high density AlN ceramics through the high pressure sintering, and to study the effect of various sintering conditions on the properties like microstructure, relative density and second phase of the sintered AlN samples, where sintering pressure, temperature and holding time are employed as sintering conditions.

Commercially available AlN powder (produced by SHS method) from Antai Company (China) was used as the starting powder, which has an average particle size of 0.5μm. Its chemical composition is shown in the Table 1. Particle morphology of the as-received powder is shown in Fig. 1. The powder particles are generally irregular in shape.

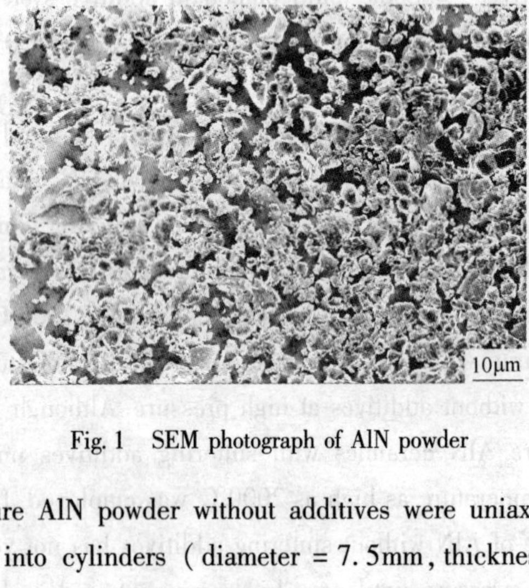

Fig. 1　SEM photograph of AlN powder

The pure AlN powder without additives were uniaxially pressed (150MPa) into cylinders (diameter = 7.5mm, thickness = 5mm). Green density was approximately 62.8% of theoretical.

Table 1　Chemical composition (wt. %) and mean particle size of AlN powder

Al	N	O	C	Fe	Si	W	Particle size
≥62.8	≥32.3	<1.2	<0.3	<0.07	<0.06	<1.9	0.5 μm

The AlN bodies were fabricated in a cubic anvil high-pressure and high-temperature apparatus (SPD-6 × 1200, China) with a sample chamber of 7.5mm on an edge under high pressure 3.15 ~

4.95GPa and temperature 1300 ~ 1800℃ for 5 ~ 125min. The sample assembly for AlN sintering at high pressure is shown in Fig. 2. A graphite tube was introduced as heater. The pressure was estimated by the oil press load, which was calibrated by a curve that was established based on the pressure-induced phase transitions of bismuth, thallium, and barium. The temperature was determined from a relation between input power and temperature, which had been calibrated using a Pt6% Rh-Pt30% Rh thermocouple. The measurement error in temperature and pressure was less than 5%.

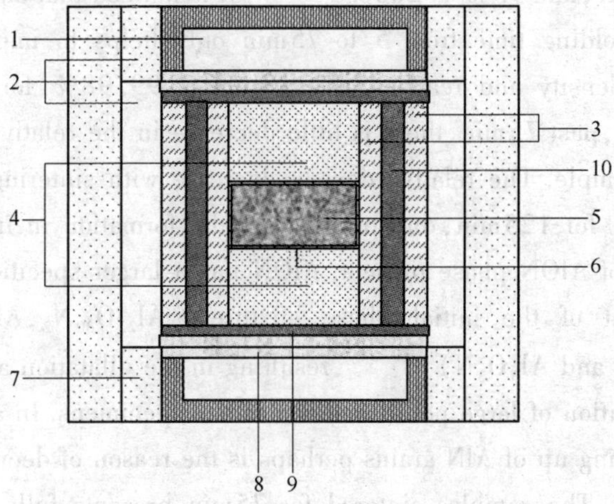

Fig. 2 The sample assembly for AlN ceramics sintered at high pressure
1—Steel ring; 2,7—Pyrophyllite; 3,4—Ceramic cylinder and cover; 5—Sample; 6—Molybdenum cell; 8—Metal plate; 9,10—Graphite heater

After low-temperature sintering was completed, density was measured by Archimedes. Relative density for specimens was calculated using a theoretical density ($3.26g/cm^3$). Fracture surfaces of samples were also observed under scanning electron microscopy (SEM). The phases and lattice parameters of specimens were determined by X-ray diffraction (XRD) analysis with Cu K_α radiation. The lattice parameters were calculated using the least-squares method.

Fig. 3 gives the relative density as a function of sintering time, temperature and pressure, respectively. From Fig. 3 (a), it can be seen that the relative density is 98.90% after pure AlN ceramics had been sintered only for 5min at temperature 1700℃ and at 4.95GPa. This value is far high compared with previous work on conventional sintering of AlN, reporting a final density of only 75% at 1800℃, and 93% at 2000℃[20,21]. It is noticed that an increase in the holding time from 5 to 75min only helps to improve the sample density and reaches a maximum of 99.98% for 75min. However, past 75min, there is little decrease in the relative density of the sample. The relative density decrease with sintering time to 99.67% for 125min, due probably to the formation in increasing amount of AlON phase present. AlON has a larger specific volume than that of the initial phase mixture ($Al_{22}O_{30}N_2$, $Al_{10}O_8N_2$, $Al_9O_7N_3$ and Al_3O_3N)[22~24], resulting in the dilatation as well as the evolution of large pore formation in the specimens. In addition, the growing up of AlN grains perhaps is the reason of decreasing of densities. The samples sintered for 75min presents fully compact microstructure as shown in Fig. 5 (c) and its density reached the highest value. Past 75min, with the increasing of sintering time, AlN grains grew up rapidly. The growing up of AlN grains may results in the decreasing of the secondary phases, due to the reduction of whole interface. That may lead to the decreasing of densities.

As shown in Fig. 3(b), the relative density obtained for sintered samples was found to increase with an increase in sintering temperature at 4.95GPa for 50min. At 1300℃, the relative density of pure

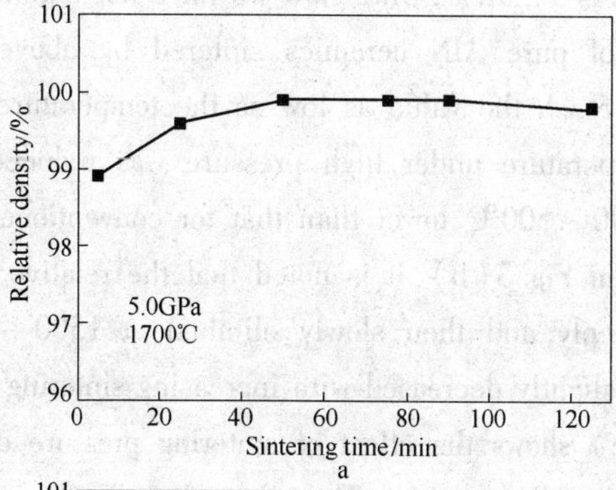

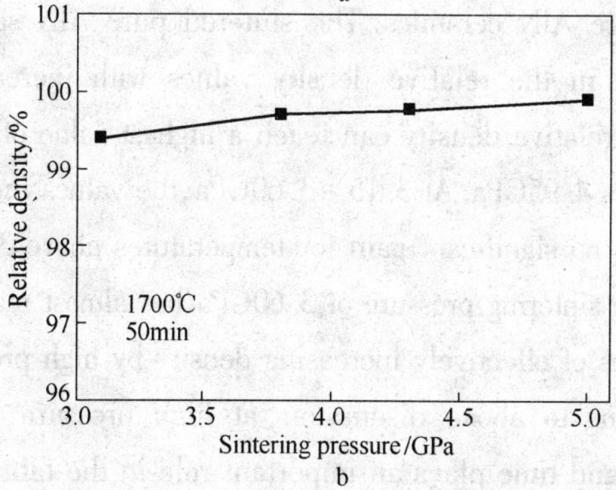

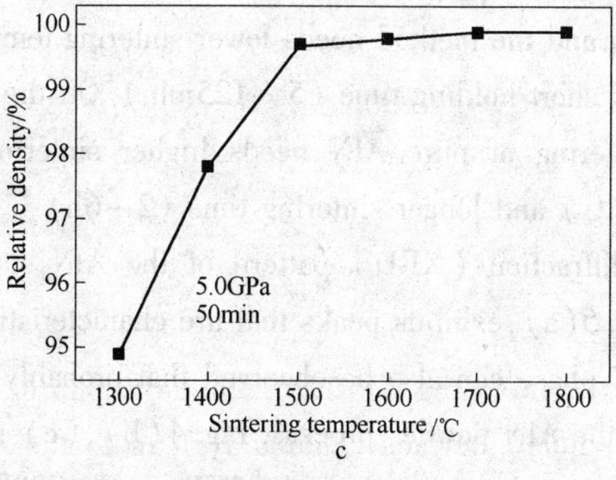

Fig. 3 Effect of sintering conditions on the relative density of pure AlN ceramics

a—At 1700℃ and 4.95GPa for 5 ~ 125min; b—At 3.15 ~ 4.95GPa and 1700℃ for 50min; c—At 1300 ~ 1800℃ and 4.95GPa for 50min

AlN ceramics is 94.92%. Until now we have not found that the relative density of pure AlN ceramics sintered by above conventional methods can reach the value as low as the temperature 1300℃. The sintering temperature under high pressure was reduced to 1300℃, which was 300 ~ 500℃ lower than that for conventional liquid-phase sintering. From Fig. 3(b), it is noted that the relative density firstly increased steeply and then slowly climbed at 1500 ~ 1700℃, and then, finally, slightly decreased with increasing sintering temperature.

Fig. 3(c) shows the effect of sintering pressure on the relative density of pure AlN ceramics. The sintered pure AlN samples show a slow increase in the relative density values with increasing sintering pressure, the relative density can reach a highest value of 99.94% when the pressure is 4.95GPa. At 3.15 ~ 3.60GPa, the values increased rapidly while there is no significant gain for temperatures above 3.60GPa. It appears that the sintering pressure of 3.60GPa has almost reached the saturation in terms of effectively increasing density by high pressure.

According to above discussion, at high pressure, both sintering temperature and time plays an important role in the fabrication of pure AlN ceramics and the method needs lower sintering temperature (only 1300℃) and short holding time (5 ~ 125min). On the contrary, conventional sintering of pure AlN needs higher sintering temperature (above 1850℃) and longer sintering time (2 ~ 6h)[4~13].

X-ray diffraction (XRD) pattern of the AlN starting powder, shown in Fig. 5(a), exhibits peaks that are characteristic of hexagonal AlN and WC phase can also be observed that probably are impurities produced in the AlN powder process. Fig. 4(b), (c) show the XRD patterns of a sample sintered at 4.95GPa and 1700℃ for 75min, 125min, respectively. As shown in Fig. 4(b) and (c), The WC phase can also been detected by XRD in the samples also indicates the impurity was from the process of AlN powder.

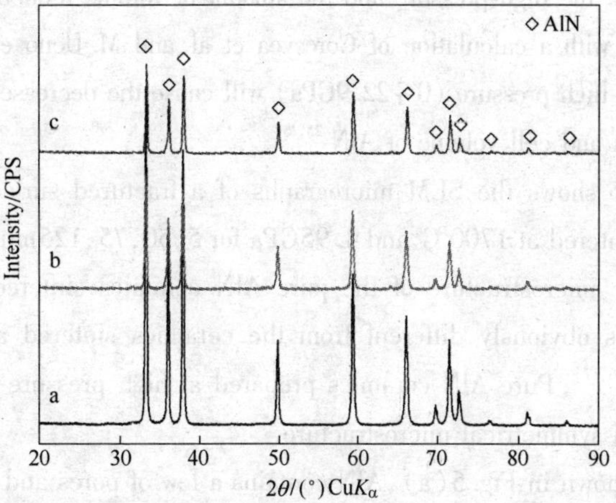

Fig. 4 XRD patterns of (a) AlN powder and AlN ceramics sintered at 1700℃ and 4.95GPa for (b)75min and (c)125min

It is found that the XRD patterns of AlN samples sintered at different time, temperature and pressure are almost the same. The presence of AlN are observed and new phases (such as AlON spinel, etc.) can't be found besides above the WC phase. This do not agree with reports[22~24]. It is well known that the reaction between AlN and Al_2O_3 (from surface of AlN particles) start at high temperature. AlON spinel phases can't be found by XRD because of its too little content, probably.

The pure phase of AlN in Fig. 4(b) and (c) proves that AlN keeps undecomposable under high pressure and high temperature even up to 4.95GPa and 1700℃, respectively. The calculated lattice parameters based on X-ray data in Fig. 5(c) are $a = 3.111$, $c = 4.974$. These values are little smaller than those calculated from the X-ray data of AlN powder, which are $a = 3.115$, $c = 4.984$. The reason for the small contraction (about 0.09%) of the lattice parameters mainly results from the high pressure treatment. Pressure allows a modification of the interatomic distances and thus tuning of the lattice parameters. The sintered AlN samples structure of the high-pressure and the amount of volume reduction are in agreement with a calculation of Gorczyca et al. and M. Ueno et al. have found that high pressure (0 ~ 22.9GPa) will cause the decrease of lattice parameters and cell volume of AlN[25,26].

Fig. 5 shows the SEM micrographs of a fractured surface of the sample sintered at 1700℃ and 4.95GPa for 5, 50, 75, 125min, respectively. The microstructure of the pure AlN ceramics sintered at high pressure is obviously different from the ceramics sintered at normal pressure[16,17]. Pure AlN ceramics prepared at high pressure have full dense and symmetrical microstructure.

As shown in Fig. 5(a), AlN contains a few of pores and there are

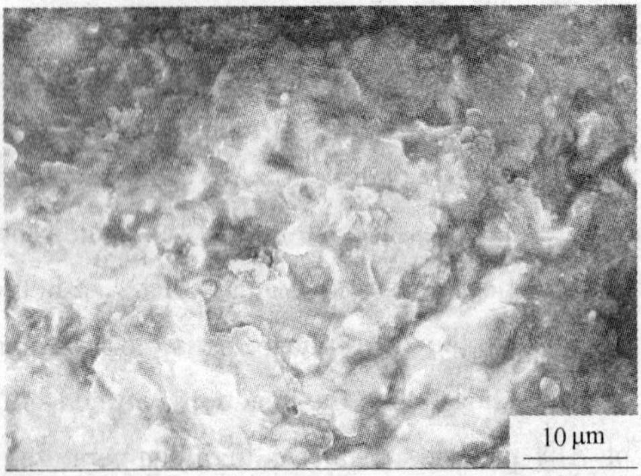

a

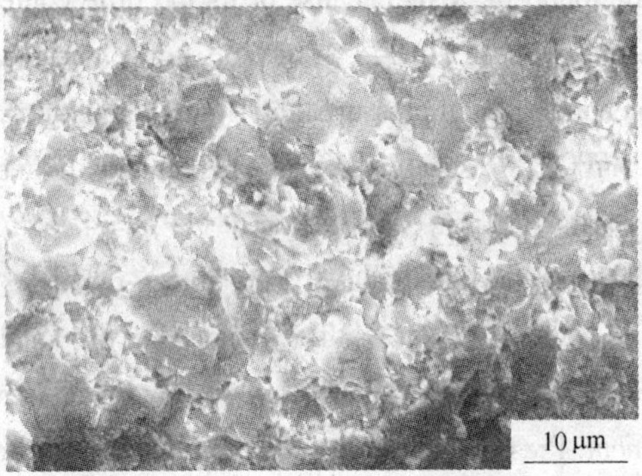

b

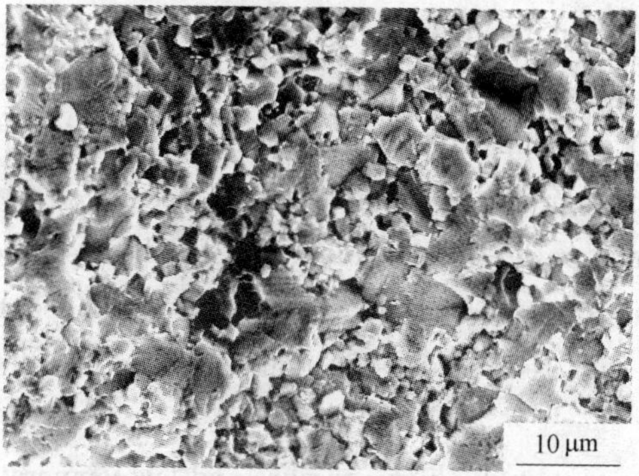

c

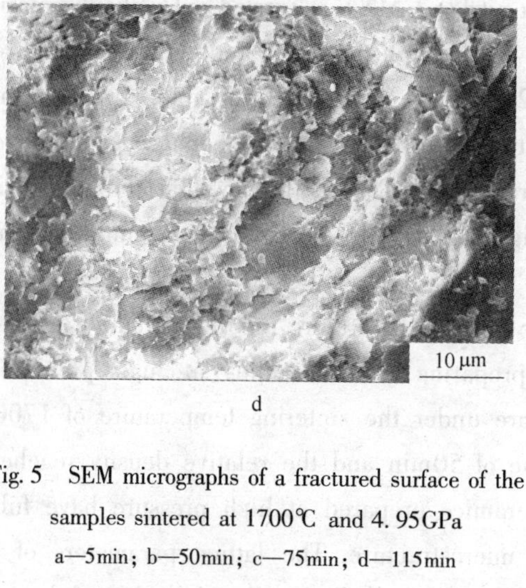

d

Fig. 5 SEM micrographs of a fractured surface of the samples sintered at 1700℃ and 4.95GPa

a—5min; b—50min; c—75min; d—115min

no grain boundary phases between AlN grains. This indicates that full density of AlN ceramics was not achieved which relative density is 98.90%. From this result, it can be concluded that the sintering mechanism of AlN ceramics without additives at primary stage is solid-phases diffusion probably.

Fig. 5(b),(c) and (d) show the SEM micrographs of the samples sintered for long time (50 ~ 125min) revealing that there are some obvious grain boundary phases in the neck area between AlN grains. These grain boundary phases are from Al_2O_3 present on the surface of AlN and impurities in the staring AlN powder. This indicates that the assumption of solid-state diffusion is clearly an oversimplification of the grain growth process and grain growth by solution-precipitation must play an important role. It can be concluded that a liquid phase formed and assisted densification and grain growth in the sintering process.

In the present study, high pressure and low temperature sintering of aluminium nitride (AlN) is carried out without sintering additives in a cubic anvil high-pressure and high-temperature apparatus (SPD-6 × 1200, China). The effect of sintering conditions on the relatively density, microstructure and the phase evolution of pure AlN ceramics were studied. The result show that, the method is capable of producing high-density AlN ceramics at a sintering temperature as low as 1300℃ in a relatively short sintering time. We believe that these are the lowest temperature reported so far. The reasonable conditions for preparing AlN ceramics at high pressure (3.60 ~ 4.95GPa) are under the sintering temperature of 1700℃ and the sintering time of 50min and the relative density reaches 99.98%. Pure AlN ceramics prepared at high pressure have full dense and symmetrical microstructure. The lattice parameters of the sintered specimen is found to be little smaller than that of the powder. Some obvious grain boundary phases were found in the neck area between AlN grains indicates that the grain growth by solution-precipitation must play some role.

Acknowledgements

This work was supported by the National Natural Science Foundation of China with Program: 50572032.

References

[1] Slack G A. J. Phys. Chem. Solids, 1973(34): 321.
[2] Sheppard L M. Am. Ceram. Soc. Bull, 1990(69): 1801.
[3] Bsik Y Drew R A L, Key Eng. Mater. 1996(122 ~ 124): 533.
[4] Watari K, Tsuzuki A, Torii Y, et al. Sci. Lett. 1992(11): 1508.
[5] Slack G A, Tanzilli R A, Pohl R O, et al. J. Phys. Chem. Solids, 1987(48): 641.
[6] Komeya K, Inoue H, Tsuge A, Yogyo Kyokaishi, 1981(89): 330.
[7] Watari K, Hwang H J, Toriyama M, et al. J. Mater. Res. 1999(14): 1409.
[8] Virkar A V, Jackson T B, Cutler R A, J. Am. Ceram. Soc. 1989(72): 2031.
[9] Jackson T B, Virkar A V, More K L, et al, J. Am. Ceram. Soc. 1997(80) 1421.
[10] Troczynski T B, Nicholson P S. J. Am. Ceram. Soc. 1989(72): 1488.
[11] Kurokawa Y, Utsumi K, Takamizama H. J. Am. Ceram. Soc. 1988(71): 588.
[12] Streicher E, Chartier T. J. Eur. Ceram. Soc. 1990(6): 23.
[13] Jarrige J, Bouzouita K, Doradoux C, et al. J. Eur. Ceram. Soc. 1993(12): 279.
[14] Watari K, Valecillos M C, Brito M E, et al. J. Am. Ceram. Soc. 1996(79): 3103.
[15] Liu Y, Wu Y, Zhou H. Mater. Lett. 1998(35): 232.
[16] Liu Y, Zhou H, Qiao L, et al. J. Mater. Sci. Lett. 1999(18): 703.
[17] Qiao L, Zhou H, Xue H, et al, J. Eur. Ceram. Soc. 2003(23): 61.
[18] Lu Z Y, Teng Y C, Liao Q L, et al. Mater. Sci. Mater. Elect. 2005(16): 483.
[19] Witek A, Bockowski M, Presz A, et al. J. Mater. Sci. 1998(33): 3321.
[20] Kuramoto N, Taniguchi H, I. Aso. //Fan M F, Niwa K, O'Bryan H M, et al. Ceramic Substrates and Packages For Electronic Applications. Advances in Ceramics, American Ceramic Society, Westerville, OH, 1989: 107 ~ 119.
[21] Horvath S F, Witek S R, Harmer M P. //Fan M F, Niwa K. O'Bryan H M, et al. Ceramic Substrates and Packages for Electronic Applications. Advances in Ceramics, American Ceramic Society, Westerville, OH, 1989: 121 ~ 132.
[22] Normand D. Corbin, J. Eur. Ceram. Soc. 1989(5): 143.
[23] Goeuriot P, Laurent-Fievez F, Goeuriot-Launay D, et al, J. Eur. Ceram, Soc. 1992 (10): 405.
[24] Takebe H, Kameda T, Komatsu Mi, et al. J. Jap. Ceram, 1989(97): 166.
[25] Gorczyca I, Christensen N E, Perlin P, et al. Solid State Comun, 1991(79): 1033.
[26] Ueno M, Onodera A, Shimomura O, et al. Phys. Rev, 1992(B.45): 10123.

5 添加烧结助剂的 AlN 陶瓷的高压烧结

5.1 引言

没有添加烧结助剂的 AlN 陶瓷的热导率很低，满足不了实际需要。常压烧结 AlN 陶瓷的研究表明：加入烧结助剂后，试样的热导率会显著提高。所以，仅从致密化的角度上看，AlN 陶瓷高压烧结时不需要添加烧结助剂，但如果要获得具有高导热性能的 AlN 陶瓷，加入一些有效的烧结助剂也是必须的。

A. M. Hundere 归纳出影响 AlN 陶瓷热导率的两类主要因素：其一为本征因素，如氧含量（包括总含量和晶格中的溶解氧含量）、显微结构、晶格缺陷等。由于 AlN 陶瓷的导热机理属声子导热，在烧结过程中，氧进入 AlN 晶格形成固溶体，伴随着形成铝空位、位错等结构缺陷，显著降低了声子的平均自由程，导致热导率降低，同时晶界相的组成、含量与分布，气孔的含量与分布以及晶粒分布的均匀程度等显微结构因素对 AlN 陶瓷的热导率也有较大影响，因而本征因素是影响 AlN 陶瓷热导率的主要因素；其二为外部因素，包括烧结条件、烧结温度和时间、烧结后热处理以及烧结助剂等。可以通过优化外部因素即工艺条件来促进烧结，改善相组成及显微结构，从而提高 AlN 陶瓷热导率。在上述所有的外部因素中，添加烧结助剂是常用的改善 AlN 烧结和提高其性能的方法。

在常规制备方法中，各国学者对于 AlN 陶瓷的烧结助剂种类及添加量研究所得的结果差异较大。由于高压烧结的特殊性，高压烧结 AlN 的助剂研究更是非常有限，缺乏烧结助剂和 AlN 陶瓷烧结体结构与性能之间的合理联系，即烧结助剂对 AlN 高压烧结体显微结构及其热导率的影响还无规律可循。因此，在 AlN 陶瓷的高压烧结，以及烧结试样结构与性能之间的关系方面还需要做大量的研究工作。

本章根据 AlN 陶瓷高压烧结独具的特点，依据热力学计算结果，研究了常用的单一烧结助剂 Y_2O_3 和 La_2O_3 以及几种复合烧结助剂对 AlN 陶瓷高压烧结行为、显微结构和导热性能的影响。

5.2 AlN 陶瓷高压烧结助剂的选择

5.2.1 烧结助剂的选择原则

在 AlN 陶瓷的烧结过程中，烧结助剂主要起到两方面的作用：一方面形成低熔点的物相，实现液相烧结，降低烧成温度，促进坯体的致密化；另一方面与 AlN 表层的 Al_2O_3 反应，使得氧不会在高温下固溶到 AlN 的晶格中去而形成缺陷。由于与助剂反应致使 AlN 表面的氧浓度降低，这样原料固溶于 AlN 晶格中的氧便会向晶界处扩散，进而与烧结助剂反应，净化晶格，从而起到除氧和提高热导率的作用。

对常规烧结 AlN 陶瓷的大量研究表明，添加一定量的碱土或稀土金属氧化物、氟化物（如 Y_2O_3、La_2O_3、Sm_2O_3、Er_2O_3、CaO、MgO、CaF_2 等）做烧结助剂，能有效降低 AlN 的烧结温度，加速致密化烧结，提高 AlN 陶瓷的热导率。

我们知道，通常制备的 AlN 陶瓷体材料中存在许多微观结构缺陷，在所有的微观结构缺陷中，氧杂质缺陷以及晶界相的分布是影响 AlN 陶瓷热导率的主要原因。

从提高 AlN 导热性能出发，AlN 低温烧结助剂的选择有以下几个原则：

（1）烧结助剂的加入能使 AlN 烧结体的致密化温度尽可能低。

（2）烧结助剂能够在低温下有效地抑制热传导系数的大幅

度降低。

为了满足这一要求，一是以晶界析出铝酸盐的形式降低 AlN 晶格中的氧；二是不会诱发 AlN 的分解和氧化以降低 AlN 晶体颗粒表面和 AlN 晶格中的氧含量，因为在烧结过程中，当 AlN 和氧化物添加剂反应生成 Al_2O_3 和 AlON 时，烧结材料热传导率将急剧降低；三是晶间相的化学组成、数量和分布有利于热导率的提高。助剂在 AlN 烧结完成后存在固溶于晶粒内部，蒸发及残留于晶界等三种状态。烧结完成后烧结助剂如果固溶于晶粒内部，则会对 AlN 晶格的完整性产生负面的影响，会导致 AlN 陶瓷热学性能的降低。烧结助剂在烧结完成后能够以气体的形式从试样中逸出是比较理想的。绝大多数的烧结助剂在烧结体中呈晶间结晶相或玻璃相，晶间相的化学组成、数量和分布往往成为控制陶瓷材料物理性能和化学性能的关键因素。所以，AlN 陶瓷体材料对于晶间相的控制显得非常重要。

按照上述原则来选择 AlN 的烧结助剂来制备 AlN 陶瓷材料才能有效抑制 AlN 晶格对声子的散射，从而大幅度提高 AlN 的热传导系数。

5.2.2 热力学分析

从上述分析知道，在 AlN 的烧结过程中，添加烧结助剂的主要目的是让烧结助剂和 AlN 晶粒表面的 Al_2O_3 发生反应，生成以晶界相析出的铝酸盐化合物，从而达到降低 AlN 晶格中的氧含量、纯化 AlN 晶格、提高热导率的目的。烧结助剂与 Al_2O_3 反应形成低共熔物的可能性及产物的稳定性可以通过标准吉布斯自由能变化来判定。由于高压烧结热力学计算的复杂性，我们应用了一种吉布斯自由能近似的计算方法。该计算方法推导如下：

应用热化学基本数据 $\Delta H_{298}^{\ominus}$、$S_{298}^{\ominus}$、$C_p = f(T)$ 等进行化学热力学计算繁杂费时，使人敬而远之。引入自由焓的概念，既能正确简便地算出某反应在某一温度下的自由焓数值，又能在一定温度范围内获得自由焓近似的计算方程 $\Delta G_T^{\ominus}=A+BT$，这样有利于能量平衡计算。

根据热力学第二定律，物质的熵变、焓变、吉布斯自由能之间的关系式为：

$$\Delta G_T^{\ominus} = \Delta H_T^{\ominus} - T\Delta S_T^{\ominus} \tag{5-1}$$

式中 $\Delta G_T^{\ominus}$——温度 T 时反应体系的吉布斯自由能；

$\Delta H_T^{\ominus}$——反应温度为 T 时的标准生成热；

$\Delta S_T^{\ominus}$——温度 T 时的标准熵。

所有的化学反应总是向着自由能降低的方向进行，反应的方向和限度都可以用自由能的变化来判断：自由能 $\Delta G_T^{\ominus}<0$ 时，反应自发向正方向进行。自由能 $\Delta G_T^{\ominus}=0$ 时，反应达到平衡。自由能 $\Delta G_T^{\ominus}>0$ 时，反应向逆方向进行。对于恒温恒压下的化学反应，$\Delta G_T^{\ominus}$ 负值越大，则反应越容易进行。对元素的氧化物而言，自由能 $\Delta G_T^{\ominus}$ 负值越大，稳定性越高，该元素被氧化的趋势就越大，反应将优先进行。

式（5-1）也可以写成：

$$\frac{\Delta G_T^{\ominus}}{T} = \frac{\Delta H_T^{\ominus}}{T} - \Delta S_T^{\ominus} \tag{5-2}$$

上式可以变为：

$$\begin{aligned}\frac{\Delta G_T^{\ominus}}{T} &= \frac{\Delta H_T^{\ominus}-\Delta H_{T_0}^{\ominus}}{T} - \Delta S_T^{\ominus} + \frac{\Delta H_{T_0}^{\ominus}}{T} \\ &= \Delta\left(\frac{G_T^{\ominus}-H_{T_0}^{\ominus}}{T}\right) + \frac{\Delta H_{T_0}^{\ominus}}{T}\end{aligned} \tag{5-3}$$

上式中取 $T_0=298\text{K}$ 变为：

$$C_{\mathrm{p}} = f(T) \tag{5-4}$$

定义 $\Delta\Phi'_T = -\Delta\left(\frac{G_T^{\ominus}-H_{298}^{\ominus}}{T}\right)$ 为自由焓函数，根据式（5-4）可得：

$$\Delta G_T^{\ominus} = \Delta H_{298}^{\ominus} - T\Delta\Phi'_T \tag{5-5}$$

由式（5-5）根据自由焓函数来计算反应的吉布斯自由能。

自由焓函数 $\Delta\Phi'_T$ 可以根据反应热和反应熵以及物质在不同温度下的恒压热容计算获得，相关文献给出了常见无机物的自由焓函数。化学平衡的计算可以根据各温度下的 $\Delta\Phi'_T$ 与 $\Delta H^{\ominus}_{298}$，求出对应温度下的自由能，也可以求出 $\Delta\Phi'_T$ 在某一温度范围内的平均值 $\Delta\Phi'_\alpha$，则该反应的自由能变化可由下式计算获得：

$$\Delta G^{\ominus}_T = \Delta H^{\ominus}_{298} - T\Delta\Phi'_\alpha \tag{5-6}$$

由于本实验均为高压烧结，压力对凝聚态（固体或者液体）的自由能影响很小，可忽略不计，即

$$\Delta G_{(s)} = \Delta G^{\ominus}_{(s)} \tag{5-7}$$

对气态物质：

$$\Delta G_{(g)} = \Delta G^{\ominus}_{(g)} + RT\ln p_e \tag{5-8}$$

式中 p_e——气体分压；

R——气体常数，取 $R = 8.314\text{J}/(\text{K}\cdot\text{mol})$。

根据上述推算，对于在高压烧结过程中未产生气态的反应，可以借用常压下的一些计算结果。未有气态物质生成的多种氧化物与 Al_2O_3 在 1530℃ 反应生成相应铝酸盐的吉布斯自由能如表 5-1 所示。

表 5-1 常压下氧化物与 Al_2O_3 在 1530℃反应生成相应铝酸盐的吉布斯自由能

化学反应	铝酸盐	吉布斯自由能/kJ · mol^{-1}
$2Y_2O_3 + Al_2O_3 \rightarrow Y_4Al_2O_9$	$Y_4Al_2O_9$	-1980
$CaO + Al_2O_3 \rightarrow CaAl_2O_4$	$CaAl_2O_4$	-1620
$BaO + Al_2O_3 \rightarrow BaAl_2O_4$	$BaAl_2O_4$	-1617
$BeO + Al_2O_3 \rightarrow BeAl_2O_4$	$BeAl_2O_4$	-1550
$MgO + Al_2O_3 \rightarrow MgAl_2O_4$	$MgAl_2O_4$	-1924
$MnO + Al_2O_3 \rightarrow MnAl_2O_4$	$MnAl_2O_4$	-1417
$FeO + Al_2O_3 \rightarrow FeAl_2O_4$	$FeAl_2O_4$	-1290
$Li_2O + Al_2O_3 \rightarrow 2LiAlO_2$	$LiAlO_2$	-779
$Na_2O + Al_2O_3 \rightarrow 2NaAlO_2$	$NaAlO_2$	-686

对于 CaF_2、Li_2CO_3 等烧结助剂在高温下产生气态物质的反应，由于烧结时高压的作用，会对其反应自由能产生较大的影响。

对 Al_2O_3-CaF_2-Li_2O 体系各反应自由能进行计算。Li_2O 以 Li_2CO_3 引入，在 Al_2O_3-CaF_2-Li_2CO_3 体系中可能存在以下反应：

$$Li_2CO_{3(l)} \longrightarrow Li_2O_{(l)} + CO_{2(g)} \tag{5-9}$$

$$Li_2O_{(l)} + Al_2O_{3(s)} \longrightarrow 2LiAlO_{2(l)} \tag{5-10}$$

$$3CaF_{2(l)} + 2Al_2O_{3(s)} \longrightarrow Ca_3Al_2O_{6(s)} + 2AlF_{3(g)} \tag{5-11}$$

$$3CaF_{2(l)} + 4Al_2O_{3(s)} \longrightarrow 3CaAl_2O_{4(s)} + 2AlF_{3(g)} \tag{5-12}$$

$$CaF_{2(l)} + Li_2O_{(l)} \longrightarrow CaO_{(s)} + 2LiF_{(g)} \tag{5-13}$$

$$CaO_{(s)} + Al_2O_{3(s)} \longrightarrow CaAl_2O_{4(s)} \tag{5-14}$$

$$3CaO_{(s)} + Al_2O_{3(s)} \longrightarrow Ca_3Al_2O_{6(s)} \tag{5-15}$$

在 5.0GPa、1600℃、1650℃ 以及 1700℃ 条件下，按照上述方法计算了各反应的吉布斯自由能，计算结果如表 5-2 所示。从表 5-2 可以看出：反应式（5-10）、式（5-12）、式（5-14）、式（5-15）的吉布斯自由能小于零，能够发生，而反应式（5-9）、式（5-11）、式（5-13）的吉布斯自由能大于零，不能发生。

表 5-2 Al_2O_3-CaF_2-Li_2CO_3 体系各反应的吉布斯自由能

化学反应	$\Delta G_{1600℃}$/kJ·mol^{-1}	$\Delta G_{1650℃}$/kJ·mol^{-1}	$\Delta G_{1700℃}$/kJ·mol^{-1}
式 5-9	117.57	114.74	111.91
式 5-10	-138.07	-138.93	-139.79
式 5-11	553.15	555.98	558.80
式 5-12	-4519.85	-4713.48	-4907.10
式 5-13	93.85	82.46	71.07
式 5-14	-39.96	-40.63	-41.29
式 5-15	-46.44	-47.46	-48.47

由于反应式（5-9）在所加条件下不能发生，也就是说 Li_2CO_3 在高压下难于分解，所以高压烧结 AlN 陶瓷要用金属锂化合物做烧结助剂的话，不能使用 Li_2CO_3，而应使用 Li_2O。这一点是高压烧结选择助剂时所需注意的。

5.3 添加氧化镧的 AlN 陶瓷的高压烧结

氧化钇（Y_2O_3）、氧化镧（La_2O_3）、氧化钐（Sm_2O_3）、氧化铒（Er_2O_3）等许多的稀土氧化物均是 AlN 陶瓷烧结时有效的助剂，从烧结的实际效果出发，结合生产成本及研究的广泛性考虑，选择分别添加 La_2O_3 和 Y_2O_3 的 AlN 陶瓷体材料作进一步研究。本节探讨了各工艺因素对以 La_2O_3 为烧结助剂的 AlN 陶瓷的烧结和导热性能的影响，以获得高热导率的 AlN 陶瓷体材料。

5.3.1 La_2O_3 含量对 AlN 陶瓷烧结性能的影响

在烧结制备 AlN 陶瓷时，烧结助剂的添加量对 AlN 材料的烧结性能及热导率都有显著的影响。

在完全相同的烧结条件下（5.0GPa、1700℃、75min），对分别添加 2%、4%、5%、6%、8% La_2O_3 的 AlN 粉体进行高压烧结，获得的 AlN 陶瓷的密度和相对密度以及热导率如表 5-3 所示。

表 5-3 La_2O_3 掺量对 AlN 高压烧结的影响

La_2O_3 含量/%	密度 /g · cm^{-3}	理论密度 /g · cm^{-3}	相对密度 /%	热导率 /W · (m · K)$^{-1}$
2	3.244	3.293	99.04	89.2
4	3.300	3.326	99.32	107.7
5	3.330	3.343	99.62	114.0
6	3.351	3.361	99.70	118.6
8	3.382	3.396	99.59	113.7

由于 La_2O_3 的密度比 AlN 的高，因此，AlN 高压烧结体的密度随 La_2O_3 加入量的增加而逐渐增大。从表 5-3 可以看出，AlN

烧结体的相对密度均达到99%以上，且随 La_2O_3 加入量的增加保持微小的增大，在 La_2O_3 加入量为6%时，相对密度为最大，此后则略微减小。AlN 陶瓷的热导率的变化规律与其相对密度的变化规律相似，在 La_2O_3 加入量为6%时，热导率达到最大的118.6W/(m·K)。在该条件下，AlN 陶瓷烧结性能对 La_2O_3 加入量的变化不敏感，各试样均烧结致密，在烧结致密的前提下，由于 La_2O_3 烧结助剂本身密度较大，随着加入量的增加，必然导致烧结体的密度也随之增大。

综上所述，选择添加6% La_2O_3 的具有较高热导率的 AlN 陶瓷作进一步的研究，探索烧结条件对 AlN 陶瓷高压烧结及导热性能的影响，以期获得高热导率的 AlN 陶瓷。

5.3.2　X 射线衍射分析

对在1700℃、5.0GPa 条件下烧结50min 的 AlN 陶瓷体进行了 XRD 检测（如图5-1所示）。从图5-1中可以看出：除了 AlN 的主晶相外，还发现了少量 $LaAlO_3$ 相特征峰的存在。之所以在 AlN 烧结体中出现 $LaAlO_3$ 相，主要是烧结助剂 La_2O_3 与 AlN 粉体表面的杂质氧（主要以 Al_2O_3 的形式存在）通过反应生成的。

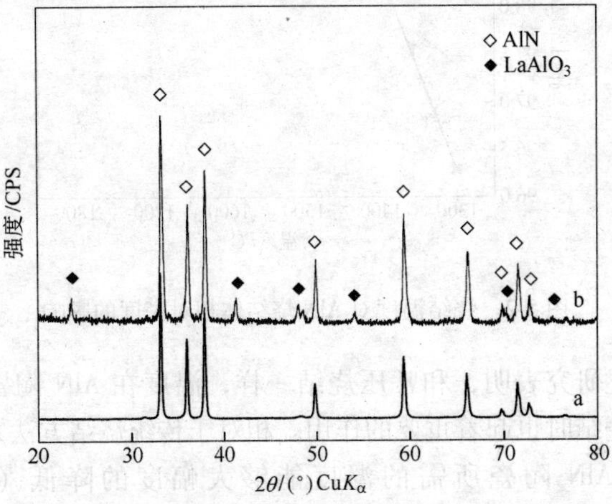

图5-1　添加 La_2O_3 的 AlN 高压烧结体 X 射线衍射图谱

反应为：

$$La_2O_3 + Al_2O_3 \longrightarrow 2LaAlO_3 \tag{5-16}$$

5.3.3 温度对 AlN 高压烧结的影响

图 5-2 是高压下烧结温度和 AlN 材料相对密度的关系曲线图。从图 5-2 可以看出，在 5.0GPa、50min 条件下，烧结温度在 1300～1400℃之间时，致密度提高很快，而其在 1500～1600℃区间，材料的相对密度随着温度的升高增加速率减缓，而在 1700～1800℃稳定区间内，烧结体的致密度略有下降，但下降幅度很小，基本上是一个常数。在压力为 5.0GPa，温度仅为 1300℃情况下烧结 50min，氮化铝陶瓷体的相对密度就达到了 96.3%。到目前为止，尚未发现有文献报道在利用传统烧结手段在此温度下能达到如此高的致密度。高压下 AlN 的烧结温度要比传统烧结方式的低 300℃以上。

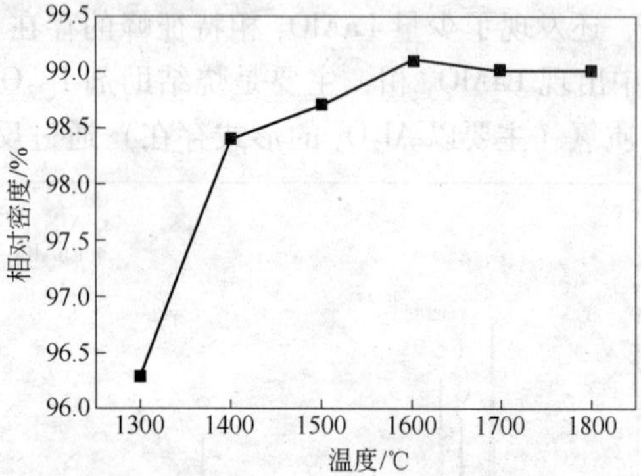

图 5-2　烧结温度对 AlN 烧结体相对密度的影响

上述研究表明，和常压烧结一样，温度在 AlN 陶瓷体材料的高压烧结时也起着重要的作用。相对于传统烧结方法来讲，高压烧结 AlN 陶瓷所需的温度能够大幅度的降低（最低仅 1300℃），时间也有明显的缩短（烧结时间仅 50min）。

5.3.4 微观结构分析

对 1700℃、5.0GPa 条件下分别经过 50min(试样 a)、120min(试样 b)烧结的 AlN 陶瓷体断裂面（添加 4% 的 La_2O_3）进行了背反射 SEM 分析。从图 5-3 可以看出，样品 a 和 b 在高压下随着烧结时间的延长，虽然两者致密度变化不大，但是由于样品 b 烧结时间增加，晶格内的氧被驱除，晶格等到了纯化，晶界相含量大为减少，晶界细窄干净，晶粒间呈大面积连接状态，穿晶断裂

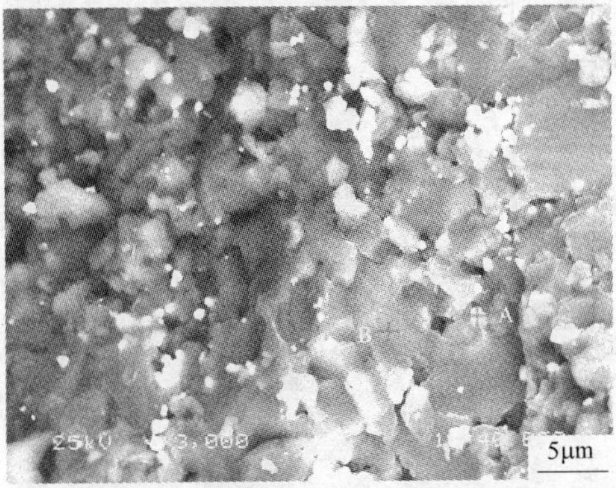

a

b

图 5-3 AlN 陶瓷试样断口背反射电镜照片

a—50min；b—120min

有一定的增加，这些变化将有利于样品的热性能和力学性能的提高。

从图 5-3a 和 b 可以看出，在 AlN 晶粒断裂面的表面或者 AlN 晶粒之间存在极少量的白色物质。用 WDS 对图 5-3a 所标注的两个区域（点 A 和点 B）进行了元素分析。图 5-4a 是点 A 的

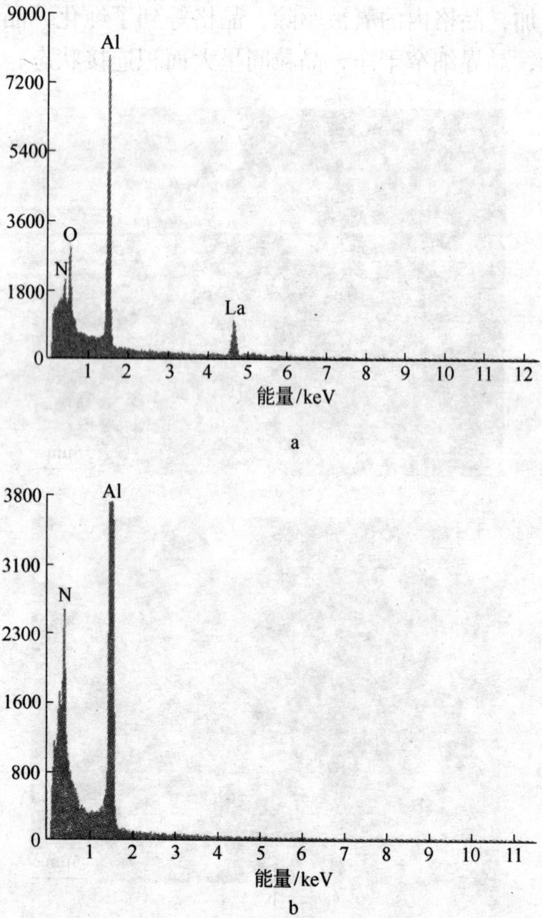

图 5-4 高压烧结 AlN 陶瓷的 WDS 图谱

a—点 A；b—点 B

WDS 图谱，说明这一点的物质含有 Al、N、O、La 等元素。图 5-3b 是点 B 的元素分布，说明这一点的物质只含有 Al、N 元素。从 WDS 的分析我们可以得出结论：图 5-3a 和 b 中白色的呈点状分布的物质是 AlN 陶瓷体的第二相 $LaAlO_3$。高压烧结的第二相分布与常压烧结的第二相分布有所不同。高压烧结多呈点状非连续分布，而常压烧结的第二相多存在于晶界处，呈连续状分布。

在影响 AlN 陶瓷热导率的各项因素中，氧含量导致的显微结构缺陷占据十分重要的位置。当氧以氧离子的形式进入 AlN 晶格后，会形成铝空位等结构缺陷，显著降低电子的平均自由程。

在高压下随着烧结时间的增长，致密度和微观结构的均匀性都得到较大程度的提高。AlN 高压烧结体之所以有着良好的结构均匀性，是与烧结设备密切相关的。六面顶压机腔体的内部六个方向同时受到压力，在六面顶压机腔体的中央部位（样品所在位置），其所受的压力更接近于等静水压，也就是说应用六面顶压机的高压烧结时样品所受到的高压更均匀，更接近于高压下的热等静压烧结技术，这有助于提高烧结样品微观结构的均匀性。

但需要指出的是，从图 5-3 可观察出，高压烧结的 AlN 烧结体存在第二相在某些区域的密集现象，这个现象会导致热导率的下降，可以通过优化混料工艺参数来解决此问题。

5.3.5 拉曼光谱分析

根据群论的研究，AlN 纤锌矿六方结构属于群 C_4^{6V}（$P6_3mc$）。在 Γ 点可以分解为 $\Gamma = 1A_1 + 1E_1 + 2E_2 + 2B_1$。其中，$A_1$ 和 E_1 模式既有拉曼活性又具有红外活性，E_2 只具有拉曼活性，B_1 模式没有活性，A_1 和 E_1 模式又都分裂为 LO 和 TO 两支。图 5-5a 是 AlN 粉体的拉曼光谱图，图 5-5b 为在 5.0GPa、1700℃、50min 条件下制备的 AlN 陶瓷的拉曼光谱图。图 5-5a 和图 5-5b 的 E_{22} 峰分别在 652.2cm^{-1}、659.9cm^{-1}。与图 5-5a 相比，图 5-5b 的 E_{22} 向高频方向发生了明显的频移，频移的量为 7.7cm^{-1}。有意

义的是，图 5-5b 上的 A_1(TO)、E_{22} 等声子峰都没有峰分裂的存在，说明在 5.0GPa 高压作用下，其六方相的对称性没有发生改变。

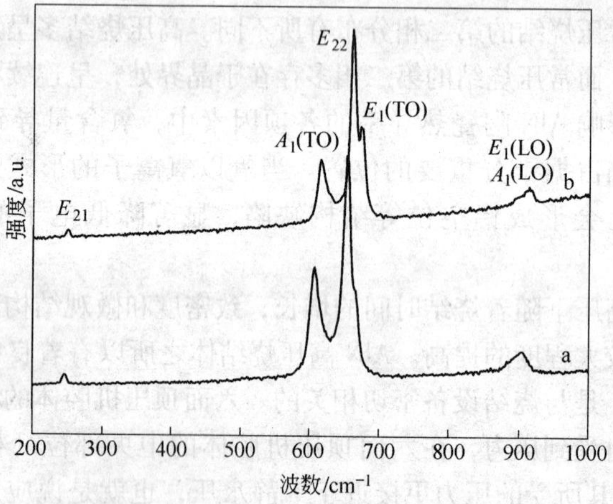

图 5-5　AlN 的粉体和高压烧结体的拉曼光谱

拉曼散射光谱与固体分子的振动有关，并且只有当分子的振动伴有极化率变化时才能与激发光相互作用，产生拉曼散射。当物体存在应力时，某些对应力敏感的谱带会产生移动和变形。其中，拉曼峰频率偏移的改变与所受应力成正比。当固体受压应力作用时，分子的键长通常要缩短，依据力常数和键长的关系，力常数就要增加，从而振动频率增加，谱带向高频方向移动。因此，可以判断，在高压烧结的 AlN 陶瓷内部存在较大的残余压应力。

需要特别指出的是：添加烧结助剂 La_2O_3 的 AlN 高压烧结体拉曼光谱与无添加助剂的 AlN 高压烧结体相比（如图 5-5 所示），各个拉曼峰均没有出现分叉的现象。无添加助剂的 AlN 高压烧结体之所以出现峰分叉的现象，主要是材料中的氧缺陷造成的。AlN 晶格中的氧具有高置换可溶性，容易形成氧缺陷。三个氧原子置换了 AlN 中的三个氮原子，占据了其晶格位置后就会产生一个铝空位。Al 位置上由于空位的生成，格点的原子质量由 27 变为 0，差别太大，势必在晶格内产生相当大的非简谐性，导致拉曼峰的分叉。但是，添加烧结助剂 La_2O_3 的 AlN 高压烧结体由于烧结助剂的驱氧作用，会极大地减小 AlN 晶格中的氧含量，纯化 AlN 晶格，AlN 的拉曼峰就不会产生分叉。

5.4 添加 Y_2O_3 的 AlN 陶瓷的高压烧结

Y_2O_3 是 AlN 陶瓷最常用的烧结助剂。本节实验添加 Y_2O_3 烧结助剂来进行 AlN 陶瓷的高压烧结研究，详细探讨了各工艺因素对 AlN 陶瓷烧结和导热性能的影响，以期获得高热导率的 AlN 陶瓷。

5.4.1 Y_2O_3 含量对 AlN 陶瓷烧结性能的影响

为了考察烧结助剂 Y_2O_3 添加量对 AlN 陶瓷烧结性能的影响，在完全相同的烧结条件下，研究了分别添加 2%、3%、4%、5%、6%、7%、8% 的 Y_2O_3 烧结助剂，通过高压烧结获得的 AlN 陶瓷的烧结性能和致密化。高压烧结条件为 5.0GPa、1700℃、75min。图 5-6 表明了 Y_2O_3 加入量与 AlN

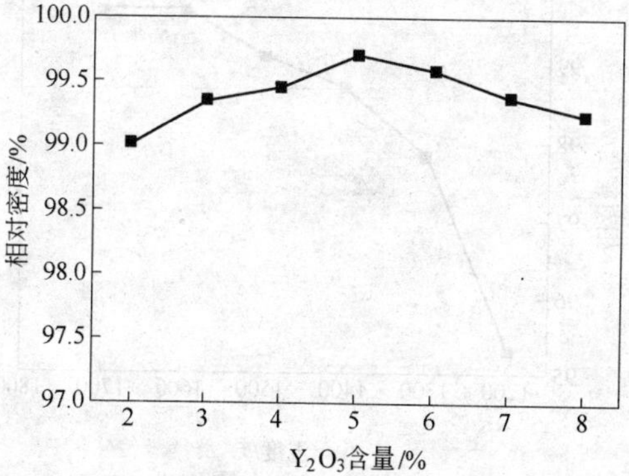

图 5-6 Y_2O_3 含量对 AlN 高压烧结性能的影响

高压烧结体相对密度的关系。从图中可以看出，当添加量为 2% ~ 5% 时，AlN 烧结体的相对密度随 Y_2O_3 加入量的增加而逐渐增大，相对密度均达到 99% 以上，在 Y_2O_3 加入量为 5% 时，相对密度为最大，但此后 AlN 高压烧结体的相对密度下降。为了研究的方便，在以下的研究中烧结助剂 Y_2O_3 的添加量均取 5%。

5.4.2　温度对 AlN 烧结性能的影响

图 5-7 是高压下烧结温度和掺 Y_2O_3 的 AlN 材料相对密度的关系曲线图。在 5.0GPa、50min、烧结温度在 1200 ~ 1400℃之间时，致密度提高很快，而在 1400 ~ 1600℃区间，材料相对密度的增加速率随着温度的升高而减缓，而在 1600 ~ 1700℃稳定区间内，烧结体的致密度变化幅度很小，基本上是常数。在压力 5.0GPa，温度仅为 1200℃情况下烧结 50min，AlN 陶瓷体的相对密度可达到 95.3%。到目前为止，尚未发现有文献报道利用传统烧结手段在此温度下能达到如此高的致密度。高压下 AlN 的烧结温度要比传统烧结方式的低 400℃以上。

和常压烧结一样，温度在 AlN 陶瓷体材料的高压烧结时也

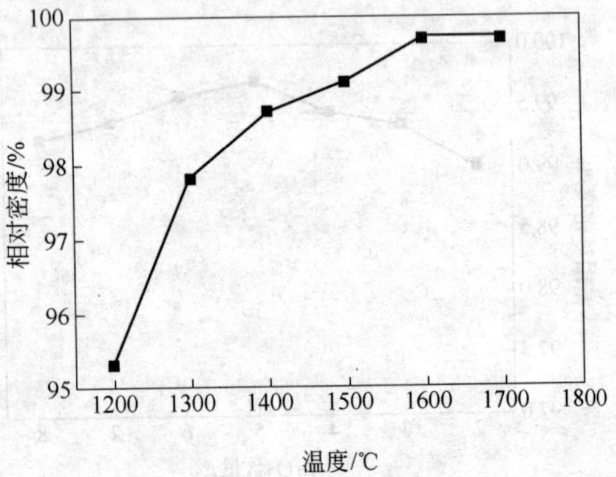

图 5-7　温度对添加 Y_2O_3 的 AlN 高压烧结性能的影响

起着重要的作用。但相对于常压烧结方法来讲，高压烧结 AlN 陶瓷所需的温度有大幅度的降低（最低仅 1200℃），时间也大幅度的缩短（烧结时间仅 50min）。

当剪应力超过临界限度时，固体物质也有 Bingham 流体的性质，也可以发生流动，这样，在低温下的高压烧结虽然没有液体的存在，也相当于有液体存在的烧结，可以极大地提高扩散速率，提高烧结效能。采用高压技术进行烧结对实际生产来说，重大的意义在于可以显著地降低烧结温度，在 $0.5 \sim 0.6T_s$（T_s 为物质的熔点）的温度下，加压烧结可达到用于生产的烧结速度。考虑到 AlN 陶瓷是共价化合物，自扩散系数很小，烧结温度需要很高，有效降低烧成温度是十分重要的。

5.4.3 显微结构分析

对 5.0GPa 高压条件下分别在 1200℃、1400℃、1700℃ 经过 50min 烧结的 AlN 陶瓷体断裂面进行了 SEM 分析，如图 5-8 所示。从图可以看出，高压烧结的 AlN 陶瓷体材料和常压烧结的陶瓷体微观结构有着明显的不同。相对于常压或者热压烧结，高压烧结的氮化铝陶瓷体结构更加致密、均匀。

从图 5-8a 可以看出，经过高压下 1200℃ 烧结的 AlN 含有少量的气孔，晶界不明显，没有完整的晶形，也没有发现明显的晶界第二相物质的存在。说明烧结温度低，AlN 烧结体没有达到完全致密化，这时候的 AlN 体材料的相对密度是 95.3%。由此推测，在较低温度下的 AlN 的高压烧结机制主要是固相扩散。

从图 5-8b 可以看出，样品在 1400℃ 烧结，出现了明显的第二相物质，有一定的晶形，断裂模式大部分是晶间断裂，但也发现有少部分的穿晶断裂现象，说明在该温度下烧结的 AlN 陶瓷更加致密，强度也得到了提高。

图 5-8c 为 1700℃ 烧结试样断裂面的电镜扫描照片。随着温度的继续升高，样品的 AlN 晶粒之间连接紧密，晶形更加饱满、

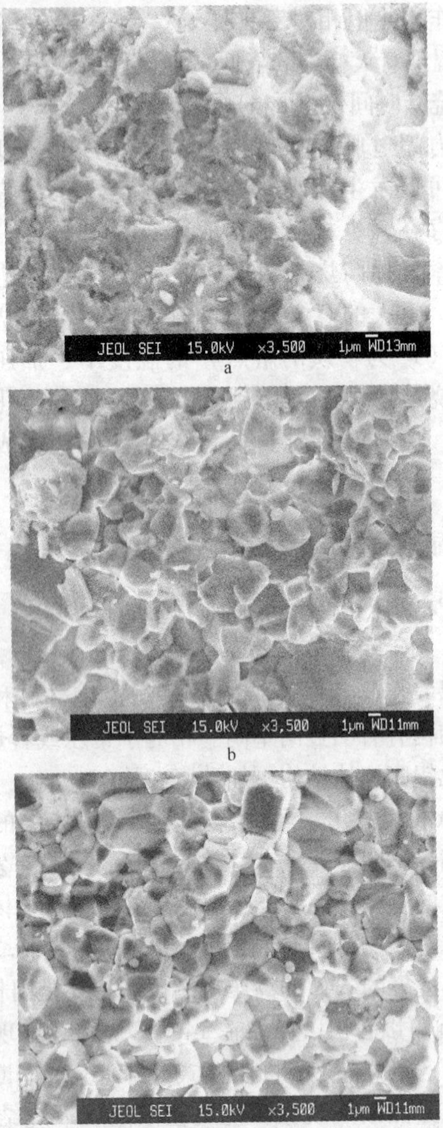

图 5-8　添加 Y_2O_3 的 AlN 陶瓷试样断口电镜照片

a—1200℃；b—1400℃；c—1700℃

完整，晶粒尺寸为 3μm 左右。部分 AlN 以等轴晶粒的形态存在。AlN 晶粒周围存在少量的第二相，晶界细窄。可以看出，随着烧结温度的提高，给烧结提供了更大的驱动力，晶格内的氧被驱除，晶格得到了纯化，晶界相含量与图 5-8b 相比有所减少。从扫描电镜照片来看，除了 AlN 的主晶相外，发现的少量第二相主要是烧结助剂 Y_2O_3 与 AlN 粉体表面的杂质氧（主要以 Al_2O_3 的形式存在）通过反应生成的。

在影响 AlN 陶瓷热导率的各项因素中，氧含量导致的显微结构缺陷是主要的影响因素。当氧以氧离子的形式进入 AlN 晶格后，会形成铝空位等结构缺陷，显著降低电子的平均自由程。在高压下随着烧结时间的提高，致密度和微观结构的均匀性都得到较大程度的提高。

AlN 高压烧结体之所以有着良好的结构均匀性，是与烧结设备密切相关的。六面顶压机腔体内部的是六个方向同时受到压力，在六面顶压机腔体的中央部位（样品所在位置），其所受的压力更接近于等静水压，也就是说应用六面顶压机的高压烧结时样品所受到的高压更均匀，更接近于高压下的热等静压烧结技术，这有助于提高烧结样品微观结构的均匀性。

5.4.4 X 射线衍射分析

对不同温度（1300 ~ 1800℃）下烧结的添加 Y_2O_3 的 AlN 陶瓷体进行了 XRD 检测（如图 5-9 所示）。从图 5-9 中可以看出：在不同的温度下烧结得到的 AlN 烧结体，除了含有 AlN 的主晶相外，还发现了少量 Y_2O_3 和 Al_2O_3 相的反应产物（第二相物质）。只是由于温度的不同，所含第二相的种类有所不同。

按照 Y_2O_3 和 Al_2O_3 化合物生成的吉布斯自由能的变化规律，吉布斯自由能由大变小的顺序依次为 $Y_4Al_2O_9$、$YAlO_3$、$Y_3Al_5O_{12}$。所以当高压烧结温度低时，首先生成的第二相物质为 $Y_4Al_2O_9$ 和 $YAlO_3$，在较高的温度下生成的是 $Y_3Al_3O_{12}$。由图 5-9 可以看出，在 1300℃ 烧结的 AlN 陶瓷体材料第二相物质为

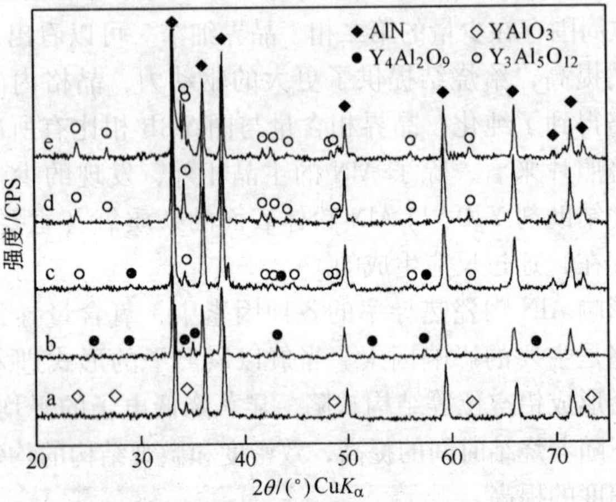

图 5-9 添加 Y_2O_3 的 AlN 高压陶瓷烧结体的 X 射线衍射图谱

a—1300℃；b—1400℃；c—1600℃；d—1700℃；e—1800℃

$YAlO_3$，在 1400℃烧结的 AlN 陶瓷体材料第二相物质为 $Y_4Al_2O_9$。当烧结温度高于 1600℃，AlN 陶瓷的第二相物质主要为 $Y_3Al_5O_{12}$。这与理论计算的基本吻合。反应方程式如下：

$$Y_2O_3 + Al_2O_3 \longrightarrow 2YAlO_3 \tag{5-17}$$

$$2Y_2O_3 + Al_2O_3 \longrightarrow Y_4Al_2O_9 \tag{5-18}$$

$$3Y_2O_3 + 5Al_2O_3 \longrightarrow 2Y_3Al_5O_{12} \tag{5-19}$$

烧结助剂 Y_2O_3 与 AlN 粉体表面的 Al_2O_3 相在高温高压作用下，发生化学反应形成 Y-Al-O 产物，固结氧于晶界处，可以起到减少氧进入 AlN 晶格内的可能性以及驱除 AlN 晶格中氧的作用。在高温下，第二相物质结合的氧更多，也就是说，高温下烧结助剂和 Al_2O_3 反应的更强烈，驱除氧的能力更强，这样就使得 AlN 晶格更纯化，从而提高了 AlN 的导热性能。

5.4.5 添加 Y_2O_3 的 AlN 晶界相分布及其热导率

研究表明，试样中的晶界相的分布对于热导率有着重要的影响。一般而言晶界相的存在形式如图 5-10 所示，Ⅰ为理想状态，AlN 晶粒直接接触，晶粒与晶粒之间没有晶界相存在；Ⅱ为晶界相存在于三叉晶界处；Ⅲ为晶界相存在于两面晶界处；Ⅳ为晶界处有气孔存在。需要说明的是，上述晶界相的分类是理想化的，实际晶界相的分布十分复杂。例如，晶界相同时分布有Ⅰ和Ⅱ或者Ⅲ和Ⅳ的状况。

我们知道，热流在晶粒之间通过互相紧密接触的各个晶面进行传导，如果晶界上没有晶界相（Ⅰ），由于声子平均自由程大于晶界厚度，晶界对声子的散射作用不大，对热传导不会有太大的影响。

声子在传导途中如果碰到热导率远小于 AlN 的晶界相，就会被散射一部分，散射的程度取决于晶界相本身的热导率。晶界相本身热导率越接近基体热导率散射越不严重。本研究中在 AlN 晶粒之间由于存在热导率小的第二相（如 AlON 相等），散射较为严重。声子散射程度还取决于晶界相的厚度，晶界相越厚，散射的次数越多，声子平均自由程衰减越严重，越不利于提高整个材料的热导率。由于气相与基体的热导率差别更大，热流如果碰到气孔，声子散射将更严重。

图 5-10 中表明了各种情况下 AlN 陶瓷的热流传导和散射形式。显然，分布状态Ⅰ对热传导的影响最小，Ⅱ次之。因此要获得高热导率的试样，就要控制试样内部微观结构，尽量减少晶界相和气孔，并控制晶界相的存在形式。而这可以通过下列手段达到：提高烧结温度或延长烧结时间使部分晶界相挥发，使残余晶界相尽量往能量低的三角晶界处移动；通过这两个手段也可有效增大晶粒尺寸减少晶界，对提高材料热导率大有益处。

高压烧结添加 Y_2O_3 的 AlN 陶瓷材料从其断裂面的扫描电镜

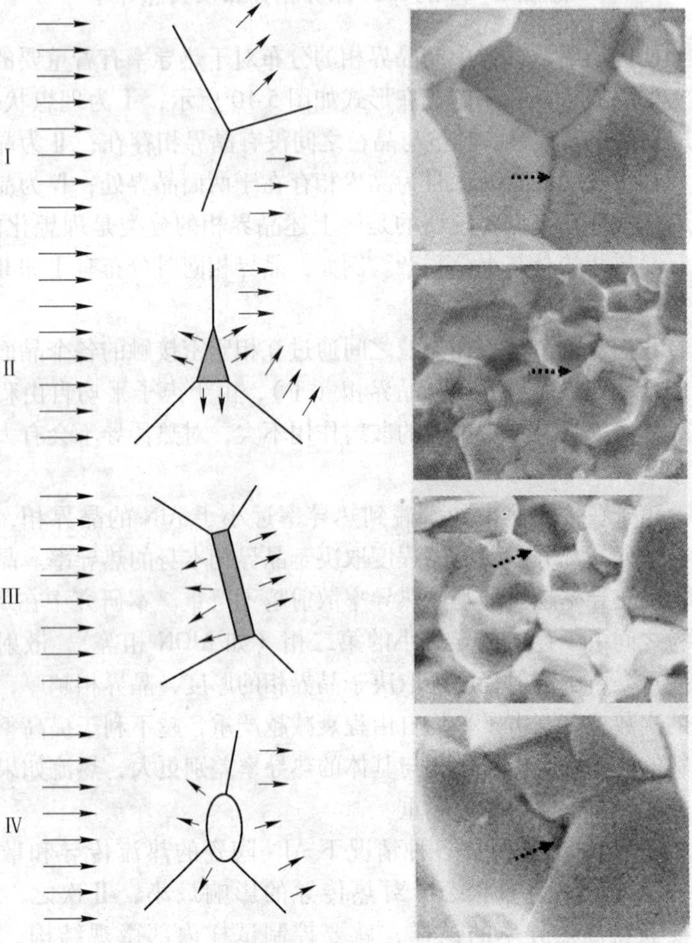

图 5-10　高压烧结 AlN 陶瓷晶界相的分布状态

照片来看，晶界状态分布以Ⅰ、Ⅱ情况为多，Ⅲ、Ⅳ情况很少，从以上分析知道这对于提高高压烧结 AlN 陶瓷的导热性能是十分有利的。

对添加 5% Y_2O_3 的 AlN 高压陶瓷烧结体的导热性能进行了

检测，工艺分别条件均是在 5.0GPa、75min，但温度分别是 1400℃和 1700℃，测试结果如表 5-4 所示。在高压和烧结时间相同的情况下，随着烧结温度的提高，AlN 烧结体的热导率有较大幅度的提高。

表 5-4 添加 Y_2O_3 的 AlN 高压烧结体的密度与热导率

烧结条件	密度/$g \cdot cm^{-3}$	热导率/$W \cdot (m \cdot K)^{-1}$
5.0GPa、1400℃、75min	3.28	45.6
5.0GPa、1700℃、75min	3.36	105.9

一方面，晶格中的氧是导致 AlN 材料热导率低的一个主要因素，加入 Y_2O_3 就是为了让其与 AlN 表面的 Al_2O_3 发生反应，引发晶界氧与晶格氧的化学势差，从而达到驱除氧的目的。当烧结温度比较低的时候，Y_2O_3 不能和 Al_2O_3 发生充分的反应，不但达不到驱除晶格氧的目的，反而有可能发生氧向 AlN 晶格中扩散、固溶，这样就加剧了声子的散射作用，从而导致低温烧结的 AlN 陶瓷的导热率很低，1400℃烧结的 AlN 陶瓷热导率仅仅有 45.6W/(m · K)。而高温烧结就可以达到驱氧的目的，净化了 AlN 的晶格，试样热导率得到提高。

另一方面，从晶界相的分布来解释。在高温下，烧结助剂 Y_2O_3 和 Al_2O_3 发生剧烈的反应，所形成的第二相物质有分布在 AlN 晶粒间（分布状态Ⅲ）向三叉晶界处迁移（分布状态Ⅱ），AlN 晶粒相互紧密接触；另外，随着烧结温度的提高，试样的致密度提高，气孔（分布状态Ⅳ）的数量大幅度减小；烧结温度的提高也增加了晶体生长的驱动力，AlN 晶粒更加饱满，晶形更加完整，多呈多面体形态，晶粒之间多为面接触（分布状态Ⅰ）。因此，1700℃下高压烧结的 AlN 陶瓷具有较高的热导率。

5.5　添加复合助剂的 AlN 的高压烧结

从本章前四节的实验研究知道，添加单一的烧结助剂能够在一定程度上降低烧结温度，提高 AlN 高压烧结体的导热性能。在添加单一烧结助剂降低烧结温度的基础上，进一步降低烧结温度，提高产品的性能，对于 AlN 陶瓷的产业化、工程化具有十分重要的意义。因为降低烧结温度能够大大降低成本，且表面的氧扩散进入 AlN 晶格发生在较高的温度，低温烧结本身能够起到净化晶格的作用；另外，低温下晶粒长大较慢，有利于晶粒表面完善化。

本节采用添加复合烧结助剂的方法高压烧结 AlN 陶瓷。助剂为 CaF_2-Y_2O_3、CaF_2-Li_2O-Y_2O_3、CaO-Li_2O-Y_2O_3、CaO-Y_2O_3 等。

探讨不同组合的复合烧结助剂对高压烧结 AlN 陶瓷的物性组成、显微结构以及热导性能的影响，从中选择适宜的复合烧结助剂来更有效地降低烧结温度，从而获得高热导率的 AlN 高压烧结体。

5.5.1　复合助剂的选择

从烧结助剂活化烧结的作用原理出发，要求 AlN 的有效烧结助剂必须能在 1600℃ 以下形成液相。兼顾到降低 AlN 颗粒表面和晶格中的氧含量，烧结助剂和 AlN 颗粒表面 Al_2O_3 反应生成的化合物的熔化温度应该低于 1600℃。已有研究表明 Al_2O_3-CaO 体系的最低共晶温度为 1360℃。因此，选择 CaO 作为降低共晶相液化温度的烧结助剂体系组成成分之一。

通过计算，Al_2O_3 和 Y_2O_3 反应的标准吉布斯自由能小于其他金属化合物。因此，Y_2O_3 可视为一种有效的烧结助剂。然而，正如上所述，单独加入 Y_2O_3 所要求的烧结温度将高于 1800℃，必须寻找其他的烧结助剂使整个烧结助剂体系同时满足既能在 1600℃ 以下实现活化烧结又能使晶界相应的 Al_2O_3 化合物在

1600℃以下分解、逸出。

通过比较各种氧化物的蒸气压，发现 Li_2O 的蒸气压在1300℃为 10^{-1}Pa，1500℃为1Pa，1600℃为10Pa，且在以上温度不会生成稳定的Li的化合物，另外，据报道加入少量的 Li_2O 能显著降低 Al_2O_3 和金属氧化物混合体的共晶点，是满足第二个要求的理想烧结助剂。综上所述，Y_2O_3-Li_2O-CaO 体系是比较理想的 AlN 陶瓷的复合烧结助剂。

这里，Li_2O 以金属氧化物 Li_2O 的形式加入，CaO 以金属氧化物 CaO 的形式加入，另外，我们还选用了 CaF_2 来考察其对 AlN 低温烧结的影响。

5.5.2　实验

原料采用福建施诺瑞新材料有限公司碳热还原法生产的 AlN 粉体，原料的详细情况见本书第3章。Y_2O_3、Li_2O、CaO、CaF_2 等均为分析纯化学试剂。原料配方见表5-5。高压烧结在国产六面顶压机上进行。实验的烧结压力为5.0GPa，烧结温度为1600℃，烧结时间为75min。AlN 陶瓷烧结体表面被抛光后，颜色为灰白色，有金属光泽。用阿基米得排水法测量烧结体的相对密度，SEM 观察断口形貌，分析烧结体微观结构，XRD 确定烧结体的物相组成。

表5-5　添加复合助剂 AlN 的配方组成

试　样	Y_2O_3/%	Li_2O/%	CaO/%	CaF_2/%	AlN/%
Y1	5				95
Y2	2		3		95
Y3	2	2	3		93
F1				5	95
F2	2			3	95
F3	2	2		3	93

5.5.3　结果与讨论

5.5.3.1　AlN 高压烧结体的烧结性能及热导率

添加单一及复合助剂的 AlN 陶瓷试样的密度、相对密度以及导热性能如表 5-6 所示。从表 5-6 中我们可以看出：添加单一助剂的试样 Y1 和 F1 的热导率比其他添加复合助剂试样的热导率都低。导热性能最好的是添加 Y_2O_3-CaF_2-Li_2O 三元复合助剂的 F3 试样，其热导率为 145.3W/(m·K)。而添加三元复合助剂 Y_2O_3-CaO-Li_2O 的 Y3 试样其热导率也低于添加二元烧结助剂 Y_2O_3-CaO 的 Y2 试样。

表 5-6　添加复合助剂的 AlN 高压烧结体的致密性与导热性能

试　样	Y1	Y2	Y3	F1	F2	F3
密度/g·cm^{-3}	3.288	3.272	3.237	3.250	3.270	3.234
热导率/W·(m·K)$^{-1}$	89.6	120.9	119.8	80.1	140.5	145.3

5.5.3.2　X 射线衍射分析

AlN 高压烧结试样 Y1、Y2、Y3 的 X 射线衍射图谱如图 5-11 所

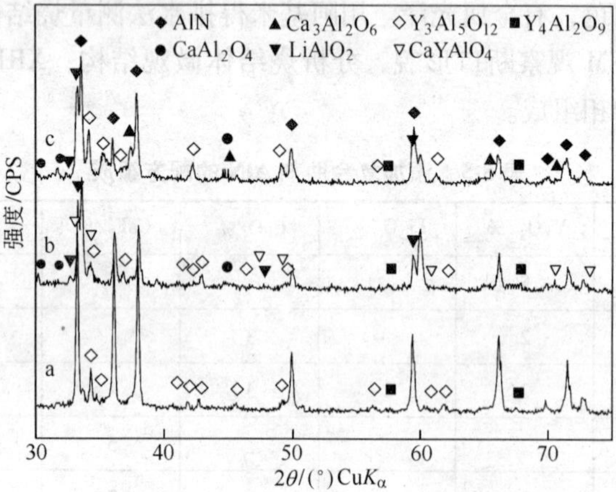

图 5-11　AlN 试样的 XRD 图谱

a—Y1；b—Y2；c—Y3

示。从图 5-11 中可以看出，三个试样的主晶相均为 AlN 相。从前几节的分析知道，添加 Y_2O_3 为单一烧结助剂的 AlN 试样中，当烧结温度高于 1600℃，AlN 陶瓷的第二相物质主要以 $Y_3Al_5O_{12}$ 为主。在高温下，第二相物质结合的氧更多，也就是说，高温下烧结助剂和 Al_2O_3 反应更强烈，驱除氧的能力更强，这样就会使得 AlN 晶格更加纯化，减少其缺陷，从而可以提高 AlN 的导热性能。Y1 试样中第二相物质主要是 $Y_3Al_5O_{12}$，并有微量的 $Y_4Al_2O_9$ 相的存在。

Y2 试样中的第二相物质主要包括有 $Y_3Al_5O_{12}$，$Y_4Al_2O_9$、$CaAl_2O_4$、$Ca_3Al_2O_6$、$CaYAlO_4$ 等。主要是因为烧结助剂和 AlN 表面的 Al_2O_3 除了发生反应式（5-18）、反应式（5-19）外，还发生了以下反应：

$$Y_2O_3 + 2CaO + Al_2O_3 \longrightarrow 2CaYAlO_4 \qquad (5\text{-}20)$$

$$3CaO + Al_2O_3 \longrightarrow Ca_3Al_2O_6 \qquad (5\text{-}21)$$

由于 Y3 试样与 Y2 试样相比烧结助剂中多添加了 2% 的 Li_2O，Li_2O 可在 950℃的低温下与 Al_2O_3 反应生成 γ-$LiAlO_2$（常压下），反应方程式如下：

$$Li_2O + Al_2O_3 \longrightarrow 2LiAlO_2 \qquad (5\text{-}22)$$

但是由于 $LiAlO_2$ 在高温下可以升华，常压下在 1600℃时同样的烧结助剂不能检测到 γ-$LiAlO_2$。但是高压烧结可以抑制 γ-$LiAlO_2$的升华，在高压 1600℃烧结 AlN 的试样中发现了微量的 $LiAlO_2$。高压的作用使得 γ-$LiAlO_2$ 升华受到影响，致使有微量的 $LiAlO_2$ 被检测到。

烧结试样 F1、F2、F3 的 X 射线衍射图谱如图 5-12 所示。从图中可看出，所有试样的主晶相均为 AlN 相。

F1 试样的烧结助剂是 CaF_2，它是一种低熔物，可在较低的温度下形成液相。CaF_2、AlN、Al_2O_3 在较低的温度下可以产生较为复杂的化学反应。可能发生的化学反应如下所示：

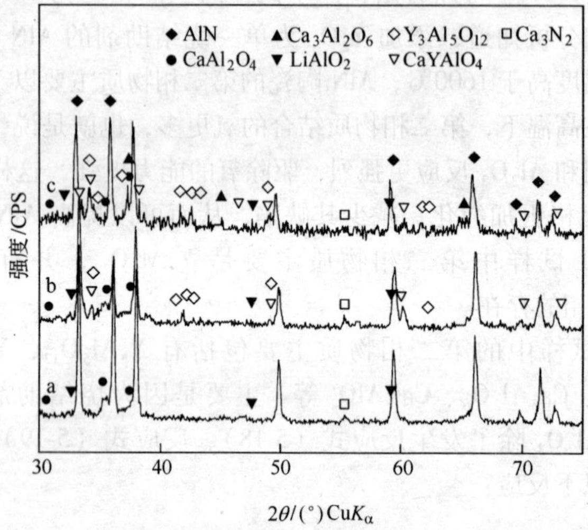

图 5-12　烧结试样的 XRD 图谱

a—F1；b—F2；c—F3

$$6CaF_2+2AlN+2Al_2O_3 \longrightarrow 4AlF_3+Ca_3Al_2O_6+Ca_3N_2 \quad (5\text{-}23)$$

$$3CaF_2 + 4Al_2O_3 \longrightarrow 3CaAl_2O_4 + 2AlF_3 \quad (5\text{-}24)$$

在常压下，Ca-N 化合物是一类低熔点的物质，高温下可以挥发。但在高压烧结试样的 X 射线衍射图谱中却发现了 Ca_3N_2 存在，可能的原因在于高压（5.0GPa）抑制了 Ca_3N_2 的挥发。虽然，在常压高温下可以升华的 AlF_3，同样在高压会受到抑制，但在高压烧结试样中却没有发现 AlF_3 的存在，可能 AlF_3 含量较低，XRD 无法检测出来。

从 X 射线衍射图谱中可以看出：F2 试样中的第二相物质包括有 $Y_3Al_5O_{12}$、Ca_3N_2、$CaAl_2O_4$、$Ca_3Al_2O_6$、$CaYAlO_4$ 等。主要是因为烧结助剂 CaF_2-Y_2O_3 和 AlN 表面的 Al_2O_3 除了发生式(5-19)反应外，还发生了以下反应：

$$Y_2O_3+3CaF_2+2Al_2O_3 \longrightarrow 2CaYAlO_4+2AlF_3+CaO \quad (5\text{-}25)$$

$$3CaO + Al_2O_3 \longrightarrow Ca_3Al_2O_6 \quad (5\text{-}26)$$

与 Y3 一样，F3 中掺加了2%的 Li_2O，Li_2O 可在950℃的低温下与 Al_2O_3 反应生成 γ-$LiAlO_2$（常压下）。但是由于 $LiAlO_2$ 在高温下可以升华，常压下在1600℃时同样的烧结助剂不能检测到 γ-$LiAlO_2$。但是高压烧结可以抑制 γ-$LiAlO_2$ 的升华，我们在高压1600℃烧结 AlN 的试样中发现了微量的 $LiAlO_2$。

从试样的物性分析中知道，CaF_2 及 Li_2O 作为烧结助剂引入 AlN 高压烧结体中，在低温下就能产生液相，可以加速烧结的进行。另外，CaF_2、Li_2O 可以和 AlN 中的 Al_2O_3 反应起到驱氧的作用，使得 AlN 的晶格得到净化。因此，AlN 粉体加入 Y_2O_3-CaF_2-Li_2O 体系的烧结助剂能够获得较高的热导率。

5.5.3.3 显微结构分析

Y1、Y2、Y3 试样断裂面的电镜照片如图5-13所示。从电镜照片上可以看出，三个试样均由 AlN 晶粒和晶界相组成。由于高压烧结的作用，这三个试样均十分致密，仅有微量气孔相的存在，但以 Y_2O_3 为烧结助剂的 Y1 试样的气孔要略多于添加复合助剂的 Y2、Y3 两个试样。原因主要在于 Y1 在高压烧结时没有液相的生成（Y_2O_3-Al_2O_3 体系产生液相的温度在1760℃），而以 Y_2O_3-CaO 和 Y_2O_3-CaO-Li_2CO_3 为烧结助剂的 Y2、Y3 试样在烧结时有液相的存在。Y2、Y3 中的 AlN 晶粒的二面角明显大于 Y1 试样的二面角，也证明了 Y2、Y3 试样在烧结过程中有液相的出现。复合助剂 Y_2O_3-CaO 和 Y_2O_3-CaO-Li_2O 的使用可以降低产生液相的温度，这样就可以较大幅度地降低试样烧结温度，促进烧结的致密化，降低高压烧结体的气孔率，从而可以提高试样的导热性能。

图 5-13 试样断裂面电镜照片

a—Y1；b—Y2；c—Y3

F1、F2、F3 三个试样断裂面的电镜照片如图 5-14 所示。和图 5-3 类似，这三个试样的电镜照片也均由 AlN 晶粒和晶界相组成，且三个试样均十分致密，几乎没有气孔相的存在。分别以 CaF_2、Y_2O_3-CaF_2 和 Y_2O_3-CaF_2-Li_2O 为烧结助剂的 F1、F2 和 F3 试样在烧结时均会有液相的出现。以 1600℃ 低温烧结就可以发现试样的断裂模式大部分是穿晶断裂。

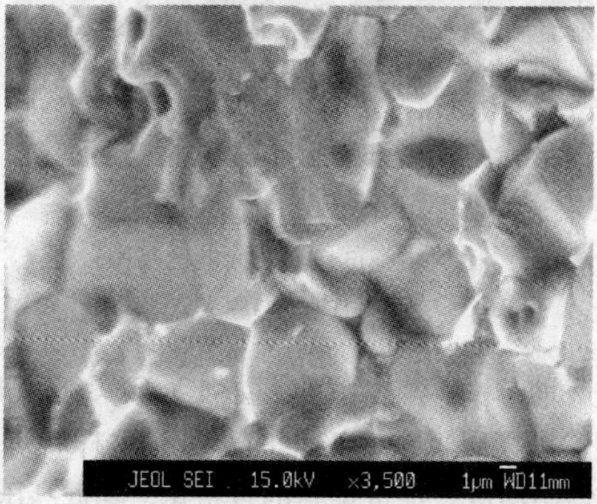

a

b

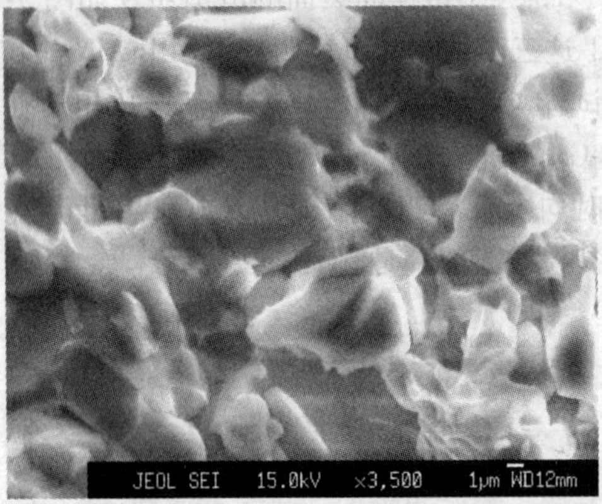

c

图 5-14　试样断裂面电镜照片

a—F1；b—F2；c—F3

虽然单一助剂 CaF_2 以及复合助剂 Y_2O_3-CaF_2 和 Y_2O_3-CaF_2-Li_2O 的使用均可以降低液相产生的温度，这样就可以较大幅度地降低试样烧结温度，促进烧结的致密化，降低高压烧结体的气孔率。但是，CaF_2 的驱氧能力较弱，相反 Y_2O_3 的驱氧能力很强。因此，添加复合助剂 Y_2O_3-CaF_2 和 Y_2O_3-CaF_2-Li_2O 的试样 F2、F3 的导热性能要优于 F1。

5.6　本章内容在国外期刊发表的论文

AlN Ceramics Prepared by High-pressure Sintering with La_2O_3 as a Sintering Aid

Abstract: Aluminum nitride ceramics with La_2O_3 as a sintering aid were obtained under high pressure (5.0GPa) in a cubic anvil high-pressure and high-temperature apparatus. The results showed that the method could effectively lower the sintering temperature and shorten the sintering time. Under 5.0GPa, the lowest sintering temperature was 1300℃, which was above 300℃ lower than that for conventional liquid-phase sintering. The lattice parameters of the specimens sintered at high pressure were found to decrease by about 0.09% than that of the AlN powder, and residual compressive stress was found, while hexagonal lattice of AlN was not changed.

Key words: Nitride materials; Sintering; Microstructure; High-pressure

1 Introduction

Aluminum nitride (AlN) is a ceramic material with high thermal conductivity and good dielectric properties. It has a thermal expansion coefficient which close to that of silicon. Compared with conventional alumina substrates, the high thermal conductivity of AlN provides a higher energy dissipation that allows the development of electronic packages with higher density of components. In addition, AlN finds its usage as a structural ceramic because of its good mechanical properties[1,2]. However, AlN, like SiC, is a strong covalent bonded material, and solid-state sintering usually results in coarsening without densification, unless submicrometre powders or high pressure is applied. Recently, there has been a growing interest in low-temperature sintering of AlN bulk materials, which is beneficial to reducing manufacturing costs[3~5]. For full densification, rare-earth and/or alkaline earth oxides are often added as sintering aids in the fabrication of AlN bulk materials. In order to lower the sintering temperature and improve the driving force, high pressure sintering is an effective method. However, Sintering of ceramic materials at high pressure is rarely applied in studies of AlN bodies. Lu Z. Y. et al.[6] produced AlN ceramics doped with Y_2O_3 using a belt-type press compressor as sintering equipment. Witek A. et al.[7] sintered oxygen-free aluminium nitride ceramics under a high pressure of 6.5GPa at a high temperature of 2000℃ for 30min in a belt apparatus. It can be seen that low temperature sintering of AlN has not yet been achieved at high pressure until now. In the present work, AlN bulk materials with La_2O_3 as a sintering aid were obtained under high pressure (5.0GPa) at a temperature (1300 ~ 1800℃). The phase, microstructure and residual stresses induced by the distortion of the AlN lattice were investigated.

2 Experimental Procedure

Commercially available AlN powder (produced by carbothermal reduction method, Sinocera Advanced Materials Company, Fujian, China) was used as the starting material, which has an average particle size of 2.0μm. According to the data supplied by the manufacturer, the powder's oxygen impurity content was 1.2% and the nitride content was 33.0%.

AlN powders doped by 5% La_2O_3 were milled with dispersant and ethanol using rapid ball milling machine for 1 h, then milled again for 1 h after adding binder (polyvinyl butyral, 2%). The powders to ZrO_2 milling ball (diameter < 2mm) ratio was 1 to 4. After milling, the average particle size of AlN powders reduces to 1.0μm. The powders were pressed to cylinder shape of $\phi 8.0\text{mm} \times 4.0\text{mm}$ after drying in vacuum oven. The cylinders were put into a soft membrane mold (rubber), shaping by cold isostatic press for 10min, and then the sample is taken away the membrane. After that, the binder is removed out in vacuum at 600℃ for 1.5h. High-pressure sintering of AlN bulk materials was performed in a cubic anvil high-pressure apparatus (China type). The sample assembly was described in Ref. [8], which has fairly high stability at high pressure and high temperature for a long time [8].

A graphite tube was introduced as heater. The pressure was estimated by the oil press load, which was calibrated by a curve established basing on the pressure-induced phase transitions of bismuth, thallium, and barium. The temperature was determined from a relation between input power and temperature, which had been calibrated using a Pt6% Rh ~ Pt30% Rh thermocouple.

After high pressure sintering was completed, density was measured by the Archimedes' principle. Relative density for specimens was calculated using a theoretical density ($3.26g/cm^3$). Fracture surfaces of samples were also observed under scanning electron microscopy (SEM). The phases and lattice parameters of specimens were determined by X-ray diffraction (XRD). The lattice parameters were calculated using the least-squares method. In addition, AlN bulk materials were determined by micro-Raman spectroscopy (MRS).

3 Results and Discussion

The XRD patterns of the starting AlN powder (a) and AlN bulk material sintered at 1700℃ and 5.0GPa for 50min (b) are shown in Fig. 1. The results of XRD show that the main crystal phase is hexagonal AlN and the grain boundary phase is $LaAlO_3$. Oxygen is the principal impurity in polycrystalline AlN, located at the surface of the AlN grains as aluminium oxide or oxynitride[9,10]. In addition, some oxygen is also present in the AlN lattice in a dissolved form[11,12]. During the sintering, oxygen reacts with additive to form aluminates. According to our analysis, the following reaction should have occurred:

$$La_2O_3 + Al_2O_3 = 2LaAlO_3$$

This was similar to the results reported by Jackson T. B. et al.[5] and Terao R. et al.[13]. The role of sintering aid (La_2O_3) is believed to be 2-fold: (1) to lower the sintering temperature and aid densification through mechanisms like liquid-phase sintering, and

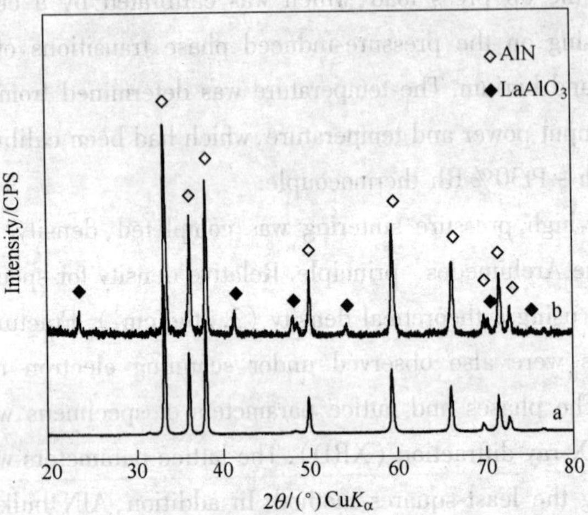

Fig. 1　XRD patterns of (a) AlN powder and (b) AlN bulk material sintered at 1700℃ and 5.0GPa for 50min

(2) to remove the oxygen atoms from the grain boundaries and lattices dissolved oxygen, which is known to be deleterious to thermal conductivity.

The hexagonal AlN phase in Fig. 1(b) proves that AlN remains stable under high pressure and high temperature, even up to 5.0GPa and 1700℃. The calculated lattice parameters based on X-ray data in Fig. 1(b) are $a = 0.3112$nm, $c = 0.4980$nm, $c/a = 1.600$. These values are slightly smaller than those calculated from the X-ray data of AlN powder, which are $a = 0.3115$nm and $c = 0.4984$nm, $c/a = 1.600$. The small contraction (about 0.09%) of the lattice parameters (a and c) mainly results from the high pressure treatment. Pressure allows a modification of the interatomic distances and thus tuning of the lattice parameters. The unit cell parameters of the high-pressure sintered AlN and the amount of volume reduction are in close agreement with the experimental results of N. P. Bezhenar et al. [14]. In Reference[14], it has been found experimentally that in composites produced by high pressure sintering (8GPa, 2300K) of c-BN + AlN charge, the AlN crystal lattice is characterized by a decrease in lattice parameters by 0.10% ~ 0.13%. It is noted that the proportion of c and a (c/a) was constant. This result shows that the symmetry of AlN hexagonal lattice did not changed under high pressure of 5.0GPa and 1700℃ for 50min, which was in agreement with the result of MRS.

Fig. 2 illustrates the relative density as a function of sintering temperature. As shown in Fig. 2, the relative density of sintered samples was found to increase with an increase in sintering temperature at 5.0GPa for 50min. The relative density first increased steeply, then slowly climbed from 1500 to 1600℃, and then slightly decreased with increasing sintering temperature. Once passed 1700℃, the relative density remained constant. The relative density decrease with sintering temperature between 1600℃ and 1800℃ is probably due to the forma-

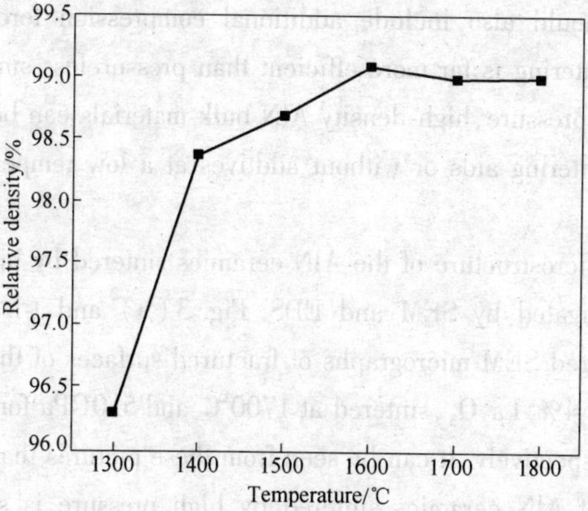

Fig. 2 Effect of sintering temperature on the relative density of AlN ceramics at 5.0GPa for 50min

tion of an increasing amount of AlON secondary phase. Results obtained from AlN-rich AlN-Al_2O_3 systems at or above 1700℃ gave AlON formation. AlON has a larger specific volume than that of the initial phase mixture, resulting in the dilatation as well as the evolution of large pores formation in the specimens[15,16]. It is noted that, at 1300℃, the relative density of the AlN bulk material is 96.3%. Until now, AlN bulk materials have not been sintered at such low temperature which is above 300℃ below conventional conventional liquid-phase sintering.

According to the above discussion, under high pressure, sintering temperature plays an important role in the fabrication of AlN bulk materials, and the method works well at low sintering temperatures (only 1300℃) and short holding times (only 50min). In contrast, conventional sintering of AlN ceramics needs higher sintering temperature and longer sintering time[3~5].

We know that the principal driving force of densification is surface (interface) energy in the process of pressureless sintering. Compared with pressureless sintering, the driving force of high pressure sintering should also include additional compression force. So high pressure sintering is far more efficient than pressureless sintering. And under high pressure, high-density AlN bulk materials can be fabricated with low sintering aids or without addtives at a low temperature for a short time.

The microstructure of the AlN ceramics sintered by high pressure were investigated by SEM and EDS. Fig. 3 (a) and (b) show the back-scattered SEM micrographs of fractured surfaces of the AlN samples, added 4% La_2O_3, sintered at 1700℃ and 5.0GPa for 50min and 120min, respectively. It can be seen from these pictures that the crystal boundary of AlN ceramics sintered by high pressure is so indistinct that it is difficult to distinguish its crystal grain appearance and size, which is absolutely different from the status of pressureless sintered ceramics.

As shown in Fig. 3(a) and (b), Fine joint between AlN grains was achieved through high pressure sintering for a longer time, which was proved by intragranular fracture occurred instead of intergranular fracture. The changes in the sintering time were in favor of advancing the thermal conductivity and mechanical properties. In general, Compared with pressureless sintering, the microstructures of AlN samples

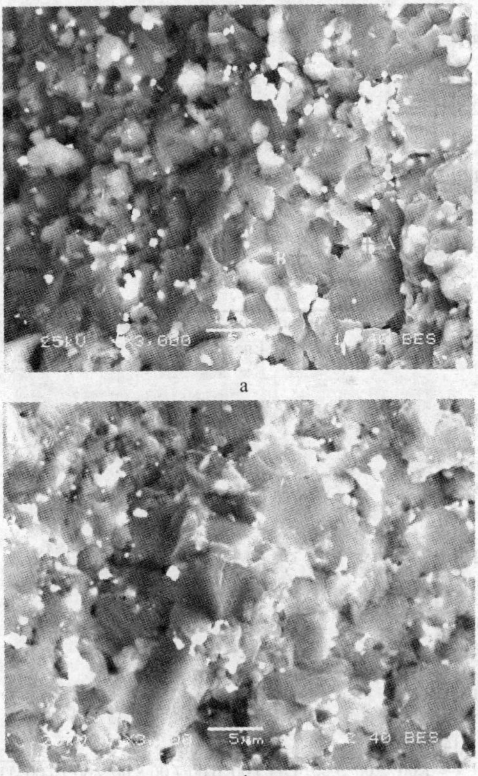

a

b

Fig. 3 SEM micrographs of a fractured surface of the AlN samples sintered at 1700℃ and 5.0GPa

a—50min; b—120min

sintered by high pressure were more compact and the fracture mode was dominantly intragranular fracture.

It should be noted that a few secondary phases ($LaAlO_3$) exhibit bright contrast in Fig. 3(a) and (b). EDS analysis has been carried out in Sample (a). As shown in Fig. 4(a) and (b), in the small grains (white phase, area A) on the big fractured AlN grains of Sam-

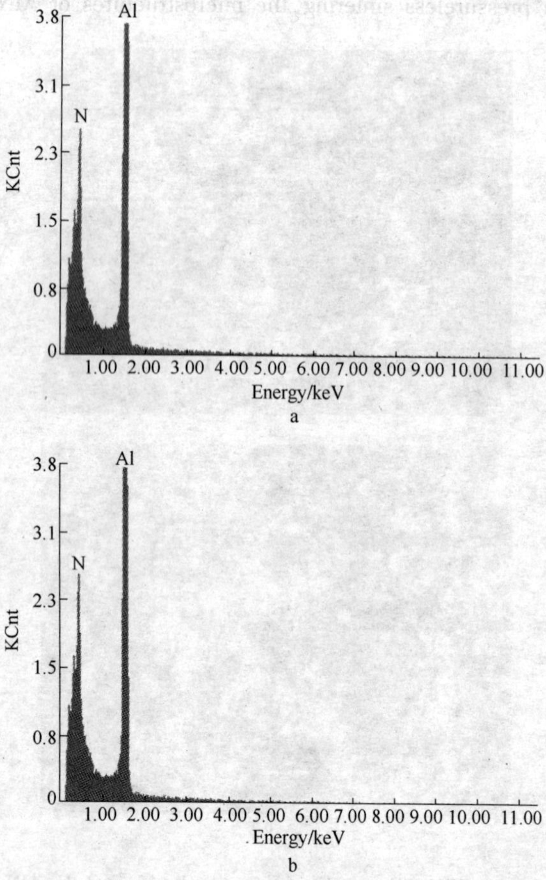

Fig. 4　EDS spectra obtained from area shown in Fig. 3(a)

a—area A; b—area B

ple (a), La, O, Al, N were detected. But, in the big fractured AlN grains (area B), only AlN and N were observed, in agreement with previous results which claimed the presence of $LaAlO_3$.

The uniformity of microstructure of AlN samples sintered under high pressure is correlative with the high-pressure and high-temperature apparatus (China type). The cubic sintering cell in this apparatus is pressured from six directions, which pressure in the center position is close to hydrostatic pressure. In other words, the high pressure that the samples get from high-pressure apparatus becomes more uniform, and high pressure is close to hot sostatically pressed (HIPed) at high temperature of 1700℃. This help to improve uniformity of microstructure of the samples sintered under high pressure.

However, it should be noted that, there are concentrated phenomenons of boundary phases in the AlN bodies sintered at high pressure. This can result in decrease of thermal conductivity but this problem can be settled by optimizing the techniques for of mixing materials.

The hexagonal AlN crystallizes in the wurtzite structure which belongs to the C_4^{6V} ($P6_3mc$) space group[17]. There are two formula units per primitive cell and all the atoms occupy the sites of symmetry C_{3v}. Using a conventional group-theory analysis, it can be shown that six optical modes, i. e., $1A_1(TO) + 1A_1(LO) + 1E_1(TO) + 1E_1(LO) + 2E_2$, can be observed for the first-order Raman scattering[18].

Fig. 5 shows the Raman spectrum of (a) AlN powder and (b) AlN sample sintered at 1700℃ and 5.0GPa for 50min, respectively. In the wurtzite structure, stress induced in the materials can heavily affects the E_2 phonon frequency, and from which the information on stress can be extracted. An increase in the E_2 phonon frequency is ascribed to compressive stress, whereas a decrease in the E_2 phonon frequency is ascribed to tensile stress. Therefore, the high Raman scattering of the E_2 phonon is of great advantage for studies of residual stress

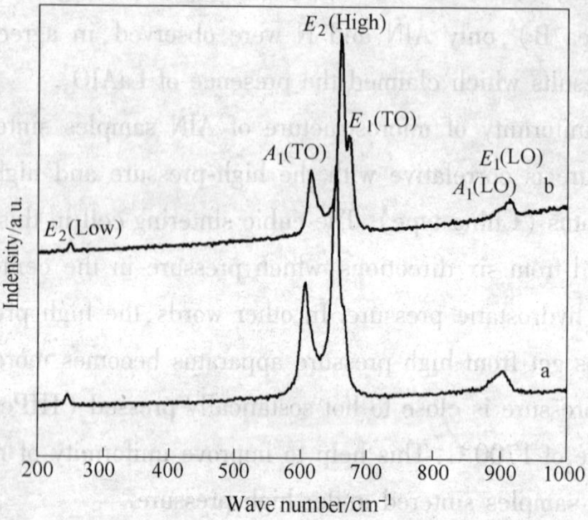

Fig. 5　Raman spectrum of (a) AlN powder and (b) AlN sample sintered at 1700℃ and 5.0GPa for 50min

within AlN bulk materials sintered at high pressure[19].

In Fig. 5, Raman data are fitted with a Lorentzian function. Contrasted with the E_2(high) mode (652.2cm^{-1}) of the AlN powder, the position of the E_2(high) mode of the AlN bulk material prepared by high pressure is observed at 659.9 cm^{-1}. A Raman shift of 7.7 cm^{-1} had taken place. This indicates that compressive stress remained in the AlN bulk material sintered under the condition mentioned above, which was probably caused by distortion of AlN lattice. It should be noted that the A_1(TO) mode and E_2 mode of AlN ceramic do not split into two peaks, which indicates that symmetry of AlN hexagonal lattice was not changed sintered at 5.0GPa.

4　Conclusions

In summary, compared with pressureless sintering, high pressure sintering can provide more sintering drive force and pick up sintering rate, improve densification and uniformity of sintered body. The method is capable of producing AlN bulk materials. AlN bulk materials were fabricated with La_2O_3 as a sintering aid under high pressure (5.0GPa) at a low temperature of 1300℃, which is above 300℃ lower than that for conventional liquid-phase sintering. The relative density of AlN bulk materials is 96.3% at 1300℃ and 5.0GPa for 50min. Although the hexagonal lattice parameters of AlN bodies sintered at high pressure decreased by about 0.09%, its symmetry was not changed. A compressive stress remained in the AlN bulk material sintered at 5.0GPa and 1700℃ for 50min, which was probably caused by distortion of AlN lattice.

Acknowledgements

The authors acknowledge engineers S Q Li, J Li and X B Guo for help with high-pressure apparatus. We would also like to thank Mr L Y Xiao, Mr A Chen and Mr Y Xu for SEM, MRS and XRD measurements. This work was supported by the National Natural Science Foundation of China with Program: 50572032.

References

[1] Slack G A, Phys J. Chem. Solids, 1973(34): 321 ~ 335.

[2] Sheppard L M, Am. Ceram. Soc. Bull, 1990(69): 1801 ~ 1812.

[3] Watari K, Tsuzuki A, Torii Y, J. Mater. Sci. Lett, 1992(11): 1508 ~ 1510.

[4] Virkar A V, Jackson T B, Cutler R A. J. Am. Ceram. Soc, 1989(72): 2031 ~ 2042.

[5] Jackson T B, Virkar A V, More K L, et al. J. Am. Ceram. Soc., 1997(80): 1421 ~ 1435.

[6] Lu Z Y, Teng Y C, Liao Q L, et al. J. Mater. Sci.: Mater. Elect, 2005(16): 483 ~ 487.

[7] Witek A, Bockowski M, Presz A, et al. J. Mater. Sci., 1998(33): 3321 ~ 3324.

[8] Li X L, Ma H A, Zuo G H, et al. Scripta Mater, 2007(56): 1015 ~ 1018.

[9] Jarrige J, Lecompte J P, Mullot J, et al. J. Mater. Sci., 1992(27): 2627 ~ 2630.

[10] Watari K, Ishizaki K, Fujikawa T. J. Mater. Sci., 1993(28): 3709 ~ 3714.

[11] Sternitzke M, Müller G. J. Am. Ceram. Soc, 1994(77): 737 ~ 742.

[12] Jarrige J, Lecompte J P, Mullota J, et al. J. Eur. Ceram. Soc, 1997(17): 1891 ~ 1895.
[13] Terao R, Tatami J, Meguro T, et al. J. Eur. Ceram. Soc, 2002(22): 1051 ~ 1059.
[14] Bezhenar N P, Bozhko S A, Belyavina N N, et al. Diamond Relat. Mater, 1997(6): 927 ~ 930.
[15] Corbin N D, J. Eur. Ceram. Soc., 1989(5): 143 ~ 154.
[16] Goeuriot P, Laurent-Fievez F, Goeuriot-Launay D, et al. J. Eur. Ceram. Soc. 1992(10): 405 ~ 413.
[17] Berger A, J. Am. Ceram. Soc, 1991(74): 1148 ~ 1151.
[18] Yu Davydov V, Averkiev N S, Goncharuk I N, et al. J. Appl. Phys. 1997(82): 5097 ~ 5102.
[19] Yanqiu H, Meidong L, Zhen L, et al. Mater. Sci. Eng, 2003(B. 97): 111 ~ 116.

6 高压烧结 AlN 陶瓷的结构调整与性能改善

6.1 引言

从前几章的研究知道，高压烧结技术是一种制备 AlN 陶瓷的快速、高效的方法，与传统的烧结技术相比，大大降低了材料的烧结温度和烧结时间，且高压烧结的 AlN 陶瓷具有高致密度的特点。但是，高压烧结与传统的一些烧结技术相比较而言升降温速度快、保温时间短，从而使得 AlN 晶粒的发育和晶界相的分布状态并不完全均一，这样会对试样的热导率产生负面的影响。

为了进一步提高高压烧结 AlN 陶瓷的导热性能，对其进行后期热处理是一种有效的手段。后期热处理 AlN 高压烧结陶瓷体材料，可以使其显微结构发生变化，从而有利于其性能的改善。

本章在前几章研究高压烧结 AlN 陶瓷显微结构与热导率之间关系的基础上，通过实施后续高压热处理工艺，对其显微结构进行调整，以尽可能提高高压烧结 AlN 陶瓷的导热性能。

6.2 实验设计与工艺过程

利用国产六面顶压机进行陶瓷材料高压烧结时，具有升降温速度快、所需烧结时间短的特点。由于使用了高压(5.0GPa)，不管温度的高低，高压烧结的 AlN 陶瓷试样都有很高的致密度。但是，从上几章的讨论可知：致密度不是影响材料热导率的唯一因素。陶瓷材料中 AlN 晶粒的发育、晶格的完整性、晶界相种类及分布状态、晶界相含量等显微结构因素都会对 AlN 的热导率产生一定的影响。因此，通过对烧结后的 AlN 试样进行进一步的热处理，使其显微结构得到调整，即：AlN 晶粒进一步发育、晶格的完整性提高、晶界相总量减少、晶界相分布向有利于 AlN 晶粒之间热传导的方向转移，将有助于提高 AlN 高压烧结体的导热性能。

本章采用的热处理工艺为高压条件下的热处理。另外，为了对比高压热处理的优点，也对部分样品进行了常压热处理。

6.2.1　高压热处理

高压热处理是对 AlN 高压烧结体进行结构改善和性能提高所用的主要工艺。该工艺是将高压烧结的 AlN 试样按照第 3 章的组装图重新组装，在国产六面顶压机中加热到一定的温度，然后保温一段时间，最后压机拍停，自然冷却到室温。在高压及一定的温度条件下，AlN 陶瓷试样中的 AlN 晶体进一步发育长大，同时 AlN 晶格的完整性也得到了提高，在国产六面顶压机的热处理保温过程中，由于对试样同时施加了很高的压力，使其致密度得到保证。

热处理的试样制备：5.0GPa、1700℃、50min 条件下高压烧结 AlN 高压烧结体（添加 5% 的 Y_2O_3 烧结助剂）。

热处理设备：国产六面顶压机（XKY-6 × 1200MN）。

高压热处理工艺：高压热处理压力为 5.0GPa，高压热处理温度分别选取 720℃、970℃、1210℃，高压热处理时间为 1 ~ 4h 不等。

6.2.2　常压热处理

为了和高压热处理进行比较，对 AlN 高压烧结体进行了常压热处理。常压热处理是将 AlN 高压烧结体置于管式电炉中，在流动 N_2 保护下加热到一定温度，保温一定的时间，最后自然冷却到室温。

热处理的试样制备：5.0GPa、1700℃、50min 条件下高压烧结的 AlN 高压烧结体（掺加 5% 的 Y_2O_3 烧结助剂）。

热处理设备：管式电炉。

常压热处理工艺：温度为 970℃，压力 5.0GPa，时间为1～4h。

6.2.3 测试方法

采用阿基米得排水法测定试样的密度；通过粉晶 X 射线衍射仪（XRD）检测试样的相组成；用扫描电子显微镜（SEM）观察试样断裂面的形貌特征；用 PDS-Ⅱ型光热偏转热导测试仪测定试样热导率。

6.3 结果与讨论

6.3.1 高压热处理工艺

将掺加 5% Y_2O_3 的 AlN 粉体，利用国产六面顶压机在 5.0GPa、1700℃、50min 条件下高压烧结，然后在 5.0GPa 高压下，分别在 720℃、970℃、1210℃进行高压热处理 1～4h 不等。在 5.0GPa、1700℃、50min 条件下 AlN 陶瓷高压烧结及 5.0GPa、970℃高压热处理工艺示意图如图 6-1 所示。

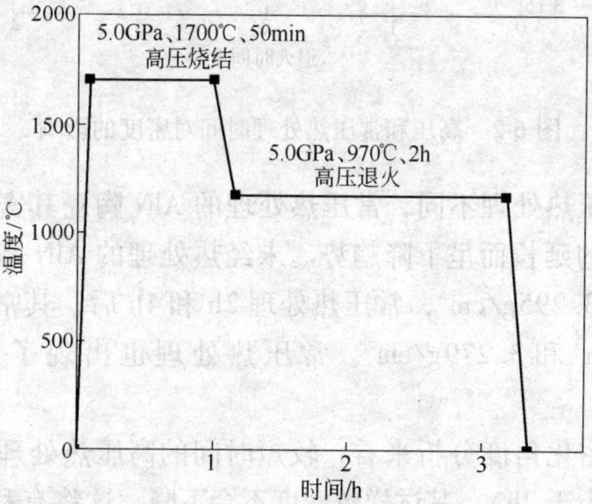

图 6-1 AlN 陶瓷高压烧结及高压热处理工艺示意图

6.3.2　热处理 AlN 试样密度的变化

图 6-2 为掺加 5% Y_2O_3 的 AlN 陶瓷在 970℃，高压和常压下分别热处理 1h、2h、3h、4h 的密度变化。从图中看出，AlN 高压烧结体在高压热处理 1h 和 2h 时，密度有所增加，热处理 2h 密度达到 3.318g/cm^3。但随着热处理时间的延长，密度反而略有下降，高压热处理 4h 后其密度为 3.289g/cm^3，出现了反致密化现象。

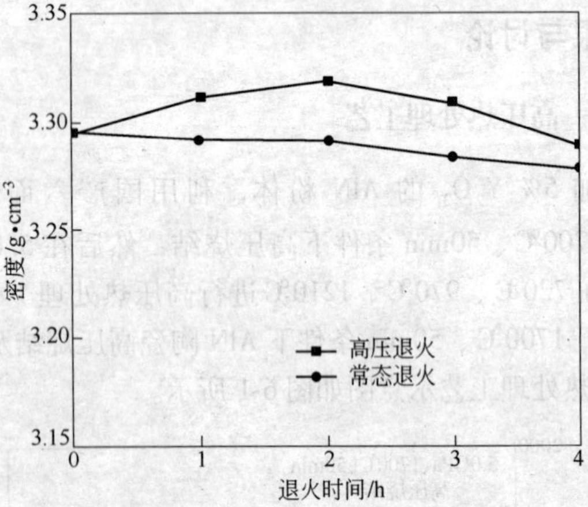

图 6-2　高压和常压热处理时间对密度的影响

与高压热处理不同，常压热处理的 AlN 陶瓷其密度随着热处理时间的延长而呈下降趋势。未经热处理的 AlN 高压烧结体其密度为 3.295g/cm^3，常压热处理 2h 和 4h 后，其密度分别为 3.291g/cm^3 和 3.279g/cm^3。常压热处理也出现了反致密化现象。

从致密化角度分析来看，较短时间的高压热处理（高压热处理时间小于 2h），其试样致密度不会下降，这将有利于试样热导率的提高。

6.3.3 高压热处理的 X 射线衍射分析

对高压热处理前后的 AlN 试样进行了 XRD 分析，如图 6-3 所示。可以看出，高压热处理前后 AlN 陶瓷的主晶相和晶界相均没有发生明显的变化。热处理前后 AlN 试样的主晶相依然为 AlN，晶界相为 $Y_3Al_5O_{12}$。从图 6-3 中我们发现 AlN 主晶相的 2θ 角随着高压热处理时间的延长而略微增大。依据 AlN 主晶相的特征峰值，计算了 AlN 的晶格常数及晶胞体积（如表 6-1 所示）。

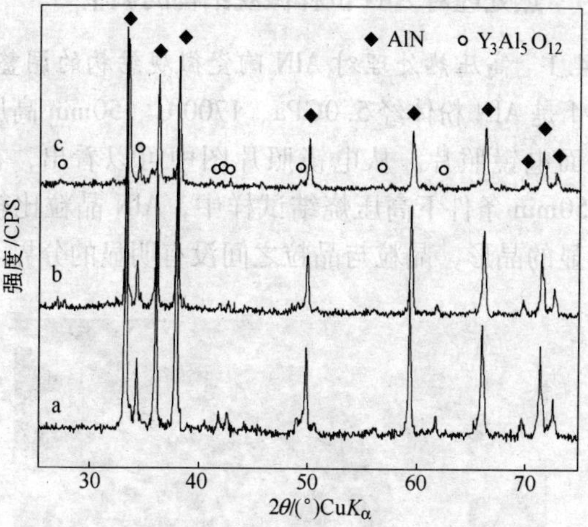

图 6-3 高压热处理前后 AlN 试样的 X 射线衍射图谱

a—未高压热处理；b—高压热处理 2h；c—高压热处理 4h

表 6-1 高压热处理前后 AlN 的晶格常数

试样热处理条件	a/nm	c/nm	c/a	晶胞体积/nm^3
5.0GPa、1700℃、50min 高压烧结体	0.31105	0.49782	1.6004	41.7138×10^{-3}
5.0GPa、970℃、2h 高压退火	0.30998	0.49600	1.6001	41.2747×10^{-3}
5.0GPa、970℃、4h 高压退火	0.30918	0.49487	1.6006	40.9686×10^{-3}

从表 6-1 可以看出，随着高压热处理时间的延长，AlN 陶瓷晶格参数和晶胞体积有减小的趋势。一般认为，AlN 晶格常数的减小的主要原因是高压手段的应用。高压使得组成物质的原子之间的间距有所压缩，外在表现为晶格常数的减小。高压作用的时间越长，晶胞体积越小。由晶胞弹性关系：

$$P = -k\Delta V/V \tag{6-1}$$

在一定的温度下，高压的作用致使 AlN 晶胞产生体积变化，卸压降温后晶胞体积没完全复原。

6.3.4　热处理对 AlN 试样微观结构的调整

6.3.4.1　高压热处理对 AlN 陶瓷微观结构的调整

图 6-4 是 AlN 粉体经 5.0GPa、1700℃、50min 高压烧结后试样的断裂面电镜照片。从电镜照片图中可以看出，在 5.0GPa、1700℃、50min 条件下高压烧结试样中，AlN 晶粒比较细小，晶粒没有明显的晶形，晶粒与晶粒之间没有明显的分界。

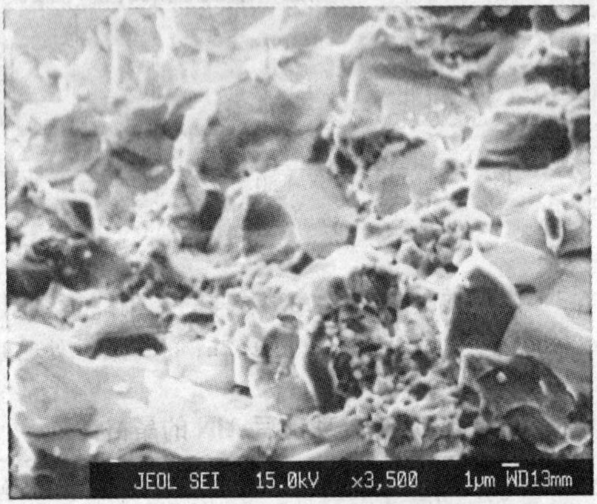

图 6-4　AlN 高压烧结体的电镜照片

在 5.0GPa、970℃下，对 AlN 陶瓷进行 1 ~ 4h 的高压热处理。为了研究高压热处理对 AlN 晶粒生长的影响，对高压热处理后 AlN 的断口进行了 SEM 分析（如图 6-5 所示）。从图 6-5

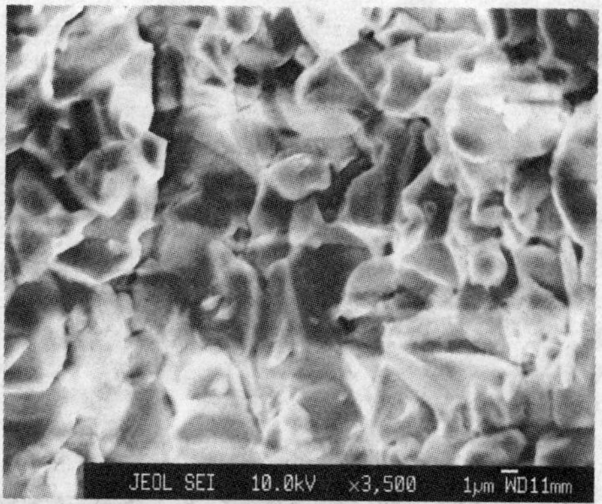
JEOL SEI 10.0kV ×3,500 1μm WD11mm
a

JEOL SEI 15.0kV ×3,500 1μm WD13mm
b

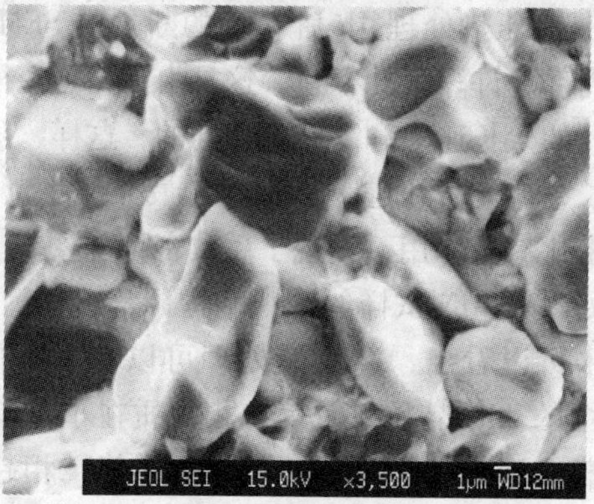
JEOL SEI 15.0kV ×3,500 1μm WD12mm
c

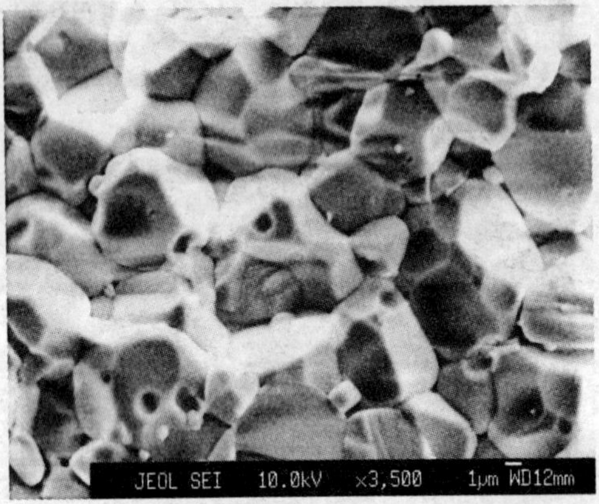

d

图 6-5　5.0GPa、970℃高压热处理 AlN 陶瓷的断口电镜照片

a—1h；b—2h；c—3h；d—4h

可以看出，在高压作用下，随着热处理时间的延长，AlN 陶瓷高压烧结体中的 AlN 晶粒能够迅速长大，其形貌仍然是六方形。随着热处理时间的延长，试样中的 AlN 晶粒外形和晶粒尺寸有较明显的变化。可以看出，经过高压热处理，AlN 晶粒发育更完整，晶粒尺寸显著增大，晶粒外形更加饱满，晶粒与晶粒之间的接触更紧密。

图 6-5d 是高压热处理 4h 后 AlN 的断裂面 SEM 照片。可以看出，试样内部有许多气孔存在。这是由于高压使得晶粒的生长加快，而气孔的生长速率和晶粒是相同的，这样，随着高压热处理时间的延长，会使气孔进一步长大（最大尺寸为 1.5μm），这对试样的致密化有负作用，出现了反致密化现象。

高压热处理对 AlN 试样的微观结构调整过程示意图如图6-6所示。从图中可以看出，高压热处理可以使 AlN 的晶粒长大，同时使试样中的 AlN 晶粒以及第二相物质在小范围内进行位置和状态的调整，致使 AlN 形状更加规整，第二相趋向于三角晶界处，这有利于试样热导率的提高。但是随着时间的延长，气

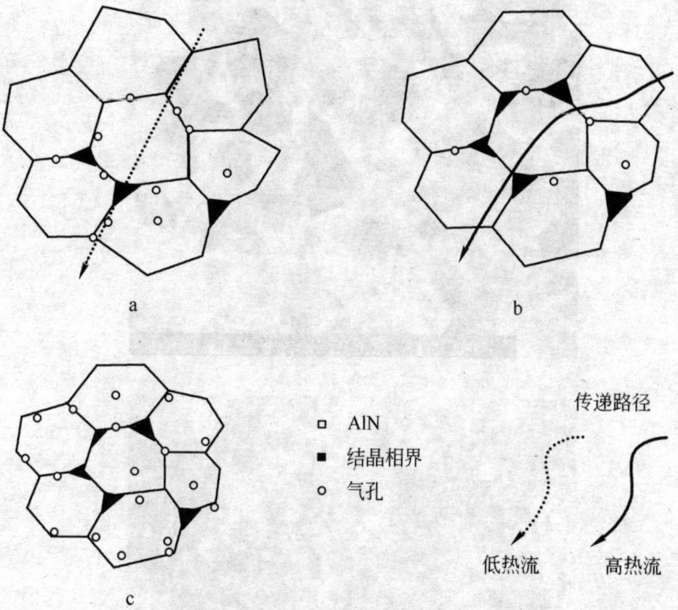

图 6-6 高压热处理 AlN 结构调整示意图
a—未热处理；b—高压热处理 2h；c—高压热处理 4h

孔也进一步生长而增大增多，致使高压热处理试样的致密度下降。

6.3.4.2 常压热处理对 AlN 陶瓷微观结构的调整

为了考察常压热处理对 AlN 高压烧结体结构及性能的影响，在常压、流动 N_2 保护、970℃条件下，对 AlN 陶瓷进行了 1～4h 的热处理。常压热处理后 AlN 试样的断口电镜照片见图 6-7 所示。从图 6-7 可以看出，常压下，随着热处理（970℃保温）时间的延长，AlN 试样的 AlN 晶粒有一定的长大，但长大的速率远远小于同温度高压热处理的 AlN 试样。随着热处理时间的延长，六方型 AlN 的形貌逐渐规整，AlN 晶粒发育更完整，晶粒外形更加饱满。

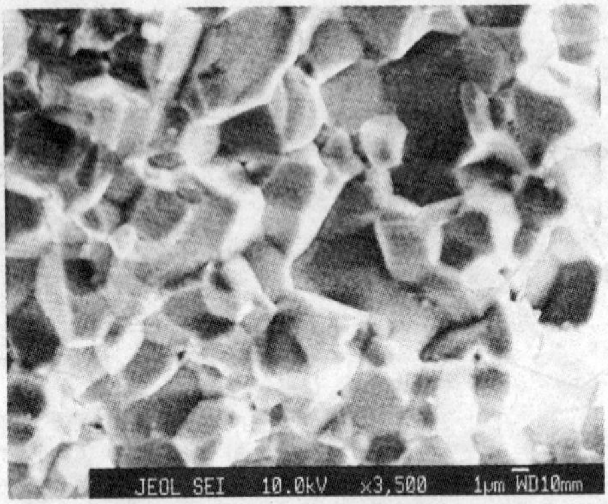
JEOL SEI 10.0kV ×3,500 1μm WD10mm
a

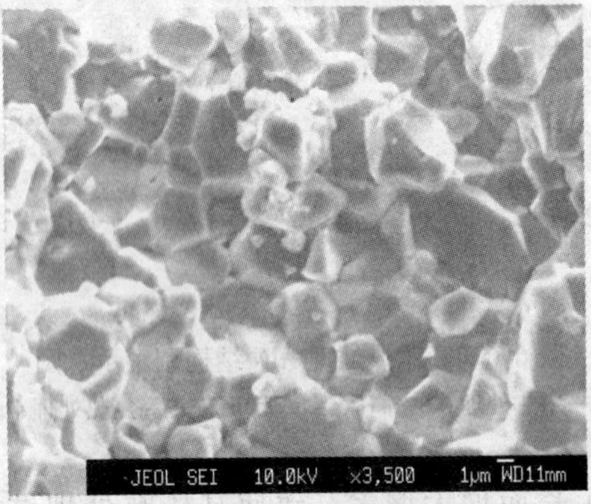
JEOL SEI 10.0kV ×3,500 1μm WD11mm
b

JEOL SEI 10.0kV ×3,500 1μm WD12mm
c

d

图 6-7 常压热处理 AlN 陶瓷的断口电镜照片

a—1h；b—2h；c—3h；d—4h

对于试样中的气孔相来讲，常压热处理时间的延长，气孔相逐渐增多，气孔的直径也越来越大。热处理 240min 的 AlN 试样其最大气孔直径达 1.0μm（如图 6-8 所示），也远远小于相同温度、相同时间高压热处理的 AlN 试样的气孔直径（图 6-5d 所示）。气孔的增多以及长大会减小 AlN 试样的致密度，这一点和

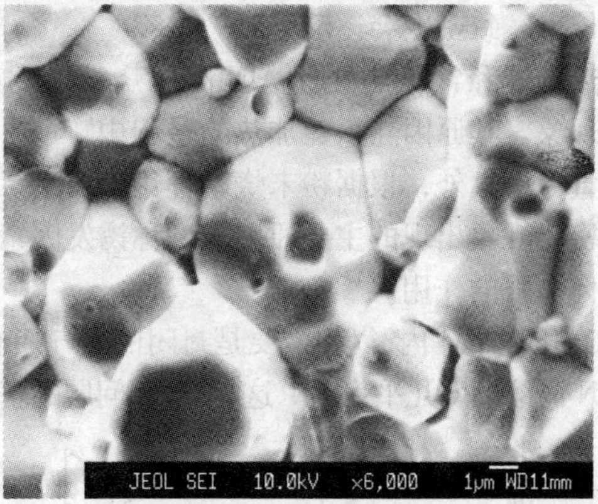

图 6-8 常压热处理 AlN 陶瓷的断裂面电镜照片

图 6-2 所测相吻合。晶粒生长的速率和气孔生长的速率是一致的，常压热处理试样中的 AlN 晶粒生长速率远远小于高压热处理 AlN 晶粒的生长速率，因此，其气孔的生长速率也远远低于高压热处理试样中气孔的生长速率。

6.3.4.3　反致密化现象

反致密化指的是在烧结或热处理陶瓷试样的过程中,烧结体膨胀而不是收缩的现象。如上所述,无论是高压还是常压热处理 AlN 高压烧结体,均出现了反致密化现象。该现象在一些烧结过程中也时有出现,尤其是在长时间烧结和保温的过程中。例如,在 ZnO 的热压烧结过程中就出现了致密性不升反降的反致密化现象。

无论对 AlN 高压烧结体进行常压或者高压热处理，由于温度以及压力的作用，必然会导致其晶粒的长大，而晶粒生长将导致气孔的同速率生长，这样会使烧结体致密度有一定程度的下降。高压热处理时，由于高压的作用，在一定时间内（2h）可以保证 AlN 高压烧结体的密度不变或者略有增加。但随着高压热处理时间的延长，晶粒进一步长大，气孔也随着长大。从图 6-5d 可以清晰地看见许多长大的气孔的存在，这是导致经长时间高压热处理的 AlN 试样致密度下降的原因之一。而与高压热处理不同的是，常压热处理由于没有高压的作用，随着晶粒的生长和气孔的长大，致密度会逐渐下降。

在高压热处理和常压热处理 AlN 高压烧结体的过程中出现了反致密化现象。其原因除了在加热的过程中，AlN 晶体发育长大以及气孔直径增大外，根据粉末烧结理论，AlN 高压烧结体热处理时反致密化现象出现的主要原因或者称诱发因素在于烧结末期闭孔中气体压强的作用。

在 AlN 高压烧结体内,气相主要是封闭的空气还有水汽等,这些气相在 AlN 内溶解度几乎为零。这时,处理问题的基本模型是:

$$\frac{\mathrm{d}r}{\mathrm{d}t} = -K(r)\left[\frac{2\gamma}{r} - p_{\mathrm{g}}(r,T) + p_{\mathrm{e}}\right] \tag{6-2}$$

式中　r——封闭孔洞的半径；

$K(r)$——某一函数关系，其与孔洞半径有关，并取决于孔洞胀大机制；

$p_g(r,T)$——闭孔内气体压强；

p_e——施加的外压强；

$\frac{2\gamma}{r}$——使孔洞收缩的本征 Laplace 应力。

无需考虑 $K(r)$ 的具体表达式，就可以用式（6-2）来解释反致密化现象。显而易见：

$$\left[\frac{2\gamma}{r} - p_g(r,T) + p_e\right] = 0 \quad \text{孔洞尺寸不变}$$

$$\left[\frac{2\gamma}{r} - p_g(r,T) + p_e\right] > 0 \quad \text{孔洞收缩}$$

$$\left[\frac{2\gamma}{r} - p_g(r,T) + p_e\right] < 0 \quad \text{孔洞膨胀}$$

6.3.5 高压热处理 AlN 晶粒生长动力学分析

用 SEM 照片观察 AlN 试样的微观形貌，测量其晶粒大小。平均晶粒大小可由下式获得：

$$G = 1.56\,\bar{L} \tag{6-3}$$

式中 G——晶粒的大小；

$\bar{L}$——四条任意穿越显微照片的直线在晶粒边界上的截距的平均值。

从图 6-5 可以看出，在 5.0GPa、970℃条件下保温一定的时间，随着高压作用时间的增加，晶粒尺寸进一步趋于均匀。基于热力学的稳定性，在有外界力场的作用下，大晶粒会变小，小晶粒会变大，最终使晶粒趋于均匀，这是符合热力学规律的。

晶粒生长动力学唯象理论表明：高压下晶粒生长通常根据 Brook 模型得到的动力学方程来表示：

$$G^n - G_0^n = kt \tag{6-4}$$

式中 G——温度为 T 时的晶粒的大小；

G_0——起始晶粒的大小；

t——保温时间；

n——晶粒生长动力学指数，它表示晶粒克服晶界阻力而长大的能力，n 越小表示晶粒生长越容易；

k——遵循 Arrhenius 定律，其计算式为：

$$k = k_0 \exp\left(\frac{-Q}{RT}\right) \tag{6-5}$$

式中 k_0——与原子迁移有关的常数；

Q——激活能（或称表观活化能），近似为常数，在不同的温度范围内对应不同的值，当其他条件不变时活化能 Q 越小，晶粒越容易长大；

R——普适气体常数。

对于高压热处理来讲，G_0 值较小，总有 $G^n \gg G_0^n$，为了计算的方便，将其忽略，式（6-4）变为：

$$G^n = k_0 t \exp\left(\frac{-Q}{RT}\right) \tag{6-6}$$

图 6-5 是在 5.0GPa、970℃ 条件下，高压热处理不同时间（1h，2h，3h，4h）AlN 陶瓷的断口电镜照片。图 6-9 是 5.0GPa 下，温度分别为 720℃、1210℃ 高压热处理 2h 的 AlN 陶瓷断口电镜照片。显然，在 720～1210℃ 温度范围内，晶粒生长状况没

a

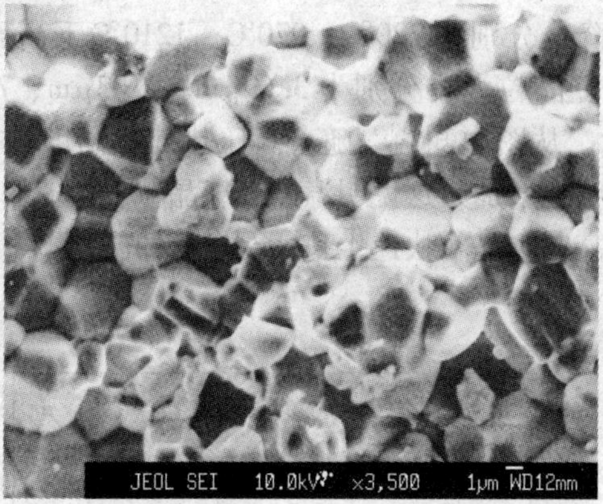

b

图 6-9 热处理 2h 的 AlN 的电镜照片

a—720℃；b—1210℃

有突变。因此，可以假定 n 和 Q 值在研究的范围内其值不变。

根据高压热处理后试样断裂面 SEM 照片，利用截距法（式 6-3）计算而知，经 5.0GPa、970℃ 高压热处理 1h、2h、3h、4h 后，所测得样品中 AlN 的平均晶粒大小分别为 4.39μm、5.73μm、6.52μm 和 6.89μm，如图 6-10 所示。从图中可见在高

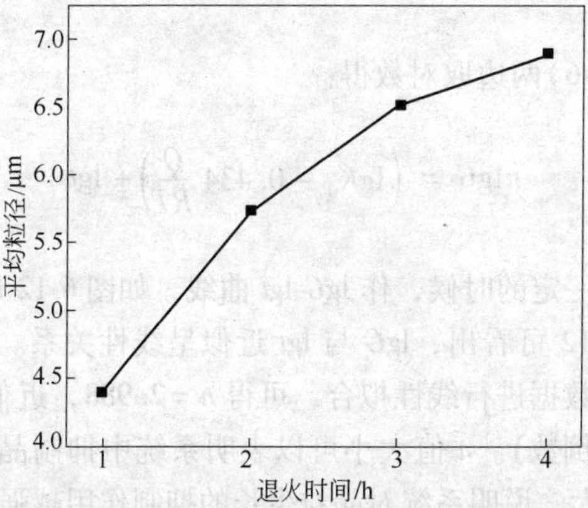

图 6-10 晶粒尺寸随高压热处理时间的变化

压热处理的初期，粒径增长较快，随着时间的延长，晶粒增长的速率逐渐下降。分别在 720℃、970℃、1210℃ 下高压热处理 2h 所得 AlN 陶瓷晶粒大小分别为 3.69μm、5.03μm、7.37μm，如图 6-11 所示。从图中知道，随着高压热处理温度的提高，粒径长大的速率明显增加，这说明温度对于晶粒生长速率的影响非常显著。温度高时，晶粒快速生长，在较低的温度下，晶粒的生长较缓慢。

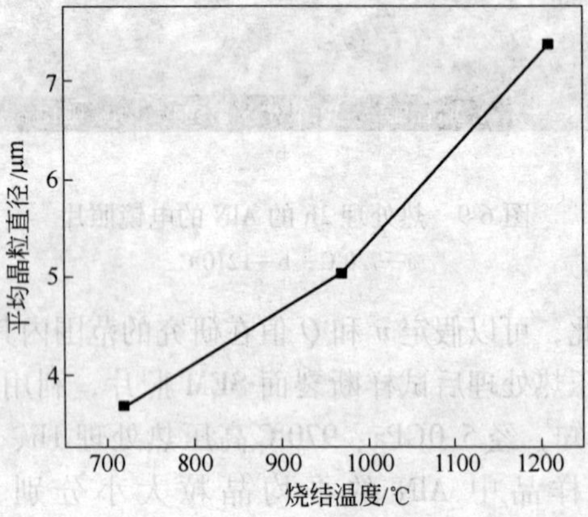

图 6-11 晶粒尺寸随高压热处理温度的变化

对式(6-6)两边取对数得：

$$n\lg G = \left(\lg K_0 - 0.434\frac{Q}{RT}\right) + \lg t \tag{6-7}$$

当温度一定的时候，作 lg*G*-lg*t* 曲线，如图 6-12 所示。

从图 6-12 可看出，lg*G* 与 lg*t* 近似呈线性关系。采用线性回归的方法对数据进行线性拟合，可得 $n = 2.988$，近似于 3（n 为直线斜率的倒数）。n 值大小可以表明系统中抑制晶粒生长的机制。n 值越大，说明系统对晶粒生长的抑制作用越强。

为了确定 Q 的大小，式（6-7）可表示为：

$$\lg\left(\frac{G^3}{t}\right) = \lg K_0 - \frac{0.434Q}{R}\left(\frac{1}{T}\right) \tag{6-8}$$

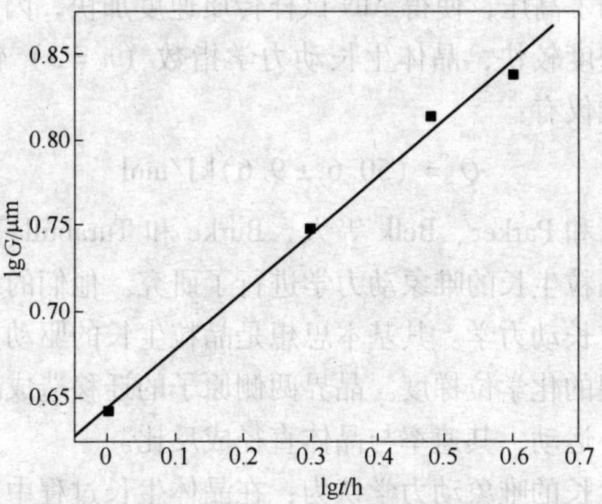

图 6-12 lgG 随 lgt 的变化曲线

作 $\lg\left(\frac{G^3}{t}\right)-\left(\frac{1}{T}\right)$曲线,其中 $t=2h$,如图 6-13 所示。由图可以知道 $\lg\left(\frac{G^3}{t}\right)-\left(\frac{1}{T}\right)$呈线性关系，同样对数据进行线性拟合，可得：

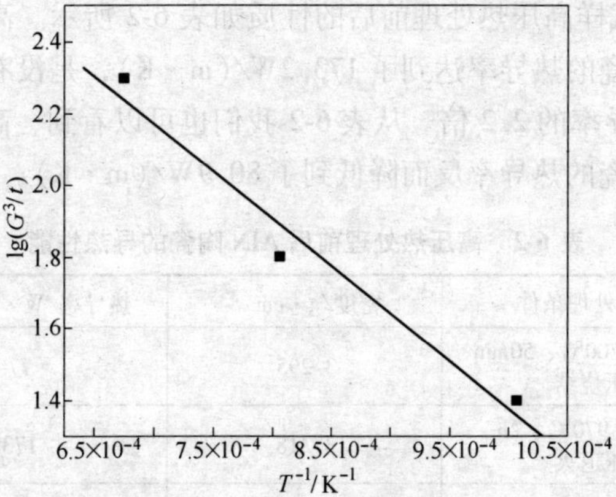

图 6-13 高压热处理 AlN 陶瓷的 Arrhenius 曲线

$$Q = (50.6 \pm 9.6)\text{kJ/mol}$$

从以上分析可知，高压热处理由于在对 AlN 陶瓷进行保温的同时施加了高压，使得 AlN 试样传质速度加快，因而导致 AlN 晶粒生长速度较快，晶体生长动力学指数（$n=3$）较小，晶体生长激活能仅有：

$$Q = (50.6 \pm 9.6)\text{kJ/mol}$$

Harker 和 Parker、Belk 等人、Burke 和 Turabull 等人对致密材料正常晶粒生长的唯象动力学进行了研究。他们的结果称为经典的晶粒生长动力学。其基本思想是晶粒生长的驱动力是晶界曲率半径引起的化学位梯度。晶界两侧原子的迁移造成晶界向自身的曲率中心运动，其速率与晶体直径成反比。

晶体生长的唯象动力学认为：在晶体生长过程中，物质迁移的机制主要是蒸发-凝聚、表面扩散或体积扩散。根据高压热处理过程中晶体生长动力学指数的计算结果，考虑到高压热处理在加热的同时施加了高压的实际状况，可以认为 AlN 高压热处理时物质迁移的主要机理是压力强化的体积扩散。

6.3.6 高压热处理 AlN 陶瓷的导热性能

AlN 试样高压热处理前后的性质如表 6-2 所示。高压热处理 2h AlN 陶瓷的热导率达到了 173.2W/(m · K)，是没有高压热处理试样热导率的 2.2 倍。从表 6-2 我们也可以看到，高压热处理 4h AlN 陶瓷的热导率反而降低到了 80.9W/(m · K)。

表 6-2 高压热处理前后 AlN 陶瓷的导热性能

试样热处理条件	密度/$g \cdot cm^{-3}$	热导率/$W \cdot (m \cdot K)^{-1}$
5.0GPa、1700℃、50min 高压烧结	3.295	77.3
5.0GPa、970℃、2h 高压退火	3.318	173.2
5.0GPa、970℃、4h 高压退火	3.289	80.9

虽然 AlN 单晶体具有很高的热导率，但通常制备的 AlN 陶瓷却属于多晶体材料，具有多晶多相的显微结构，它主要由主晶相（AlN 晶体）、晶界相（第二相，主要为铝酸盐）以及气相（材料内部的气孔）等组成。许多学者研究表明，AlN 陶瓷体材料热导率与其显微结构密切相关，其中对热导率的影响较为重要的包括气孔、显微结构缺陷以及晶界相的组成与分布。

从上述的分析可知：陶瓷体材料中气孔的存在会大大降低陶瓷的热导率。因此，要获得高热导率的 AlN 材料，充分致密化是一个必要条件。第二相在 AlN 陶瓷中有两种分布形式——孤岛状分布和连续分布于晶界处。Ying-Da Yu 等人认为从提高 AlN 陶瓷的热导率出发，第二相孤岛状分布于三角晶界处比处于 AlN 晶界更有利。相对含量较低的第二相将 AlN 晶粒隔开（AlN 晶粒不接触），AlN 的热导率就会下降；如果第二相处于 AlN 晶粒的三叉晶界处（AlN 晶粒保持接触），AlN 陶瓷就会有很高的热导率。Masahiko Tajika 等人研究表明，直接接触 AlN 晶粒比孤立分布的 AlN 晶粒具有更高的热导率，因为连续分布的晶粒为声子的传播提供了更直接的通道。Ching-Fong Chen 通过实验表明晶界相的非均匀分布会导致大量的气孔，阻碍了声子散射，从而降低 AlN 的热导率。

高压热处理在六面顶压机中进行时，试样由于受到高达 5.0GPa 压力的持续作用，因此在短时间内，晶粒、气孔的生长发育以及第二相的调整并没有使试样的致密度产生大的变化，在一定时间内试样的密度在热处理前后并没有产生明显差异。

另外，AlN 试样在高压热处理时，晶界相有一个向三角晶界偏析的过程。晶界相的移动和偏析一方面促进 AlN 晶粒的发育长大，使其形状变得完整与饱满，增加晶粒之间的接触面；另一方面也有利于 AlN 晶界上及晶格内的氧向晶界处移动，使晶格中的氧杂质减少，减少了对声子的散射，提高 AlN 试样的热导率。

因此，高压热处理对于 AlN 陶瓷热传导的提高有几种作用：提高 AlN 陶瓷试样的致密度；晶界相更多的在三角晶界处偏析，主相的连续性增强；主相的晶格更完整，减少了晶格缺陷对声子的散射。这几方面的共同作用使 AlN 陶瓷的热导率提高。图 6-6 形象地示意了高压热处理改善试样热导率的作用原理。

7 高压烧结 AlN 陶瓷的残余应力

7.1 引言

残余应力是指在生产、处理或加工材料的过程中，由于形变、相变、温度或体积变化不均匀而存留在构件内部并自身保持平衡的应力（也叫内应力）。严格地讲，完全没有内应力的固体是不存在的。

按照应力平衡的范围残余应力分为三类：第一类内应力，在物体宏观体积范围内存在并平衡的应力，此类应力的释放将使物体的宏观尺寸发生变化。这种应力又称为宏观应力。材料加工变形（拔丝、轧制）、热加工（铸造、焊接、热处理）等均会产生宏观内应力。第二类内应力，在一些晶粒的范围内存在并平衡的应力。第三类内应力，在若干原子范围内存在并平衡的应力。通常把第二和第三两类内应力合称为微观应力。

利用高压烧结技术制备的陶瓷材料，由于高压以及高温的作用，相对无压烧结等传统的烧结方法来讲，更容易产生一定的残余应力（宏观内应力）。

本章对高压烧结 AlN 陶瓷产生残余应力（主要是宏观内应力）的产生原因以及其对材料性能的影响进行了阐述，对如何消除残余应力进行了研究。

7.2 残余应力拉曼光谱测试技术

由于残余应力成因极其复杂，至今未找到成熟可靠的方法进行测量。残余应力的测量技术概括起来大致可分为两大类，即具有一定损伤性的机械释放测量法和非破坏性无损伤的物理测量法。机械测量法包括：分割全释放法、逐层剥层法、盲孔法、

Gunert 切铣环槽法、钻阶梯孔法、套取芯棒法、内孔直接贴片法以及释放管孔周应变测量法。物理测量法主要包括：X 射线衍射法、磁性法、激光全息法、超声波法、中子衍射法以及固有应变法。其中，以盲孔法及 X 射线衍射法发展较成熟。本书使用的拉曼光谱法属于无损检测法的一种。

激光、显微等科学技术的进步使拉曼测试技术得到了快速的发展，目前人们已研制出适用于多种用途的拉曼光谱仪。从分光系统上看，现代拉曼光谱仪可分为光栅色散、快速傅里叶变换和声光调制器等三种类型。目前，最适合于微尺度下力学行为分析的是光栅色散型拉曼光谱仪，其中英国 Renishaw 公司 RM 系列拉曼光谱仪在力学测量和分析中应用较多。

微区拉曼光谱仪（也叫显微共焦拉曼光谱仪）是一种光栅色散型拉曼光谱仪，它是将显微分析技术与拉曼光谱分析结合起来的一种新技术，它将入射激光通过显微聚焦到样品上在不受周围物质干扰情况下，精确获得所照样品微区的有关晶格应变、晶体结构、化学成分、分子相互作用以及子取向等各种拉曼光谱信息。目前已经广泛的应用于无损检测、界面力学性质研究、薄膜分析、材料非均匀性、催化剂的成分鉴别、矿物夹杂物等方面。Reshishaw RM2000 型显微拉曼光谱仪属于近年逐渐发展起来的新型光谱仪，是显微共焦拉曼光谱仪的典型代表，也是应用最广泛的拉曼光谱仪。

总之，微拉曼光谱法是一种利用光子与分子之间发生非弹性碰撞获得散射光谱，从而研究分子或物质微观结构的光谱技术。由于入射光与分子振动相互作用而引起入射光与散射光的频率发生变化，出现特征频移，通过计算光谱频率、宽度、线形和光强可以反映物质元素组分、晶格质量、分子结构等方面的信息。

微拉曼光谱法在微尺度测量方面具有独特的优势：无损、无接触、空间分辨率高（$1\mu m^{-1}$）、光谱范围大且频移不受激光光源频率限制、随聚焦变化可对微量试样进行不同深度的测试等。而拉曼光谱对试样中应力的敏感性，即当材料处于变形状态时，会引起拉曼波谱的移动和变形，使得直接测量力学参数成为可能。

拉曼散射光谱与固体分子的振动有关，并且只有当分子的振动伴有极化率变化时才能与激发光相互作用，产生拉曼散射。当物体存在应力时，某些对应力敏感的谱带会产生移动和变形。其中拉曼峰频率漂移的改变与所受应力成正比，即：

$$\sigma = \alpha\Delta\nu \tag{7-1}$$

式中 $\Delta\nu$——频移，cm^{-1}；

α——应力因子。

拉曼峰频移的改变可以表述为：当固体受压应力作用时，分子的键长通常要缩短。依据力常数和键长的相互关系，力常数就要增加，从而振动频率增加，谱带向高频方向移动。相反地，当固体受拉应力作用时，谱带向低频方向移动，如图 7-1 所示。依据式（7-1），如果确定了 α 值，并且从样品前、后几次拉曼光谱图上得到频移宽度 Dn，则可算得样品中的应力 σ。

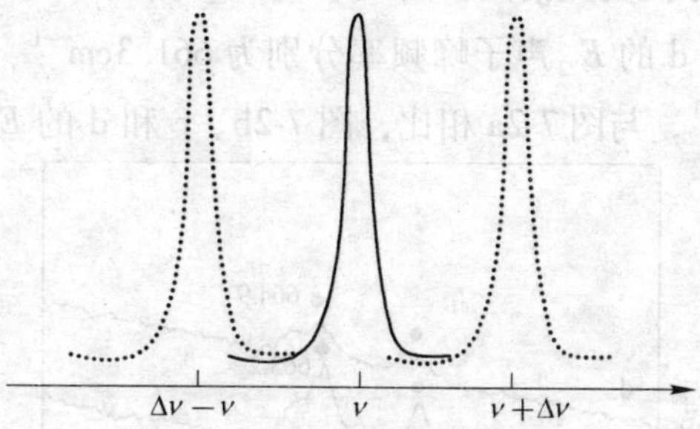

图 7-1 拉曼峰频移与材料应力状态的关系

7.3 AlN 高压烧结体残余应力

7.3.1 试样的制备

原料采用北京安泰股份有限公司自蔓延法生产的 AlN 粉体，

其平均粒径为 0.5μm，其性能详见第 3 章。将上述 AlN 粉体预压成 ϕ14.0mm × 5.0mm 的圆柱状坯体，封装在洁净的钼腔中。高压烧结腔体组装见第 3 章所示。烧结是在国产六面顶压机（XKY-6 × 1200MN）上进行的。试样的烧结压力为 5.0GPa，烧结温度为 1700℃，烧结时间分别为 75min、100min 和 125min。

AlN 陶瓷烧结体表面被抛光后，颜色为灰黑色，有金属光泽。微区拉曼光谱对其内部残余应力进行表征。

采用 Renishaw 公司生产的 RM1000R 型激光拉曼光谱仪，选取激光波长为 514.5nm 的氩离子激光器（能量为 100mW），根据 AlN 的特征峰出现的范围，仪器的扫描频谱范围设定为 100 ~ 1000cm^{-1}。具体测试方法详见第 3 章。

7.3.2　残余应力的测试

图 7-2a 是 AlN 粉体的部分拉曼光谱图，图 7-2b、c 和 d 分别为在 5.0GPa、1700℃ 条件下烧结 75min、100min、125min 的 AlN 烧结体的部分拉曼光谱图。图 7-2a 的 E_{22} 峰位在 652.8cm^{-1}。图 7-2b、c 以及 d 的 E_{22} 声子峰频率分别为 661.3cm^{-1}、663.2cm^{-1} 和 664.9cm^{-1}，与图 7-2a 相比，图 7-2b、c 和 d 的 E_{22} 均向高频

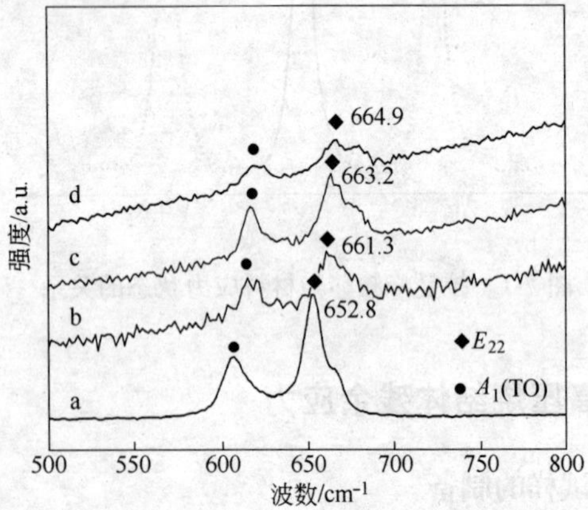

图 7-2　AlN 粉体和 AlN 高压烧结试样的拉曼光谱

方向发生了明显的频移，频移的量分别为 8.5cm^{-1}、10.4cm^{-1}和 12.1cm^{-1}。另外，图 7-2b、c 和 d 的 A_1(TO)、E_{22}声子峰都有峰分裂的存在，说明在 5.0GPa 下的高压烧结使得 AlN 的晶格发生了一定的畸变。

根据上述的分析，可以判断，在高压烧结的 AlN 陶瓷体内部存在较大的残余压应力。非极化声子 E_{22}声子峰的频移通常被用来监控Ⅲ族氮化物材料中的应力或者应变，可以通过 E_{22}的频移来计算 AlN 高压烧结体的残余应力。

在虎克定理适用的范围内，声子的频移和应力满足下面的关系式：

$$\Delta\nu = \Pi_{ij}\sigma_{ij} \tag{7-2}$$

式中 $\Delta\nu$——声子的频移；

Π_{ij}——应力因子；

σ_{ij}——应力。

当施加的应力是单轴的,上述方程就表示了单轴应力与峰漂移量的正比关系。在流体净应力作用下,这个关系可近似的表示为：

$$\Delta\nu = \Pi_{av}\sigma \tag{7-3}$$

式中 Π_{av}——平均的应力因子。

$\Pi_{av} = 3\Pi_u$，Π_u 是在单轴应力下测得的应力因子。对于未添加助剂 AlN 陶瓷的 E_{22}来说，Π_u 为 -2.02cm^{-1}/GPa。由此可以算出在 5.0GPa、1700℃ 条件下烧结 75min、100min、125min 的 AlN 烧结体残余应力分别为 -1.40GPa、-1.72GPa、-2.00GPa。此处负号表示为残余压应力。

7.3.3 烧结时间对残余应力的影响

图 7-3 是 AlN 高压烧结体的 E_{22}拉曼峰漂移及其残余应力随烧结时间变化的情况。根据上述计算结果以及图 7-3 可以知道：随着高压烧结时间的增加，使得烧结体内部的残余压应力也相应增加。

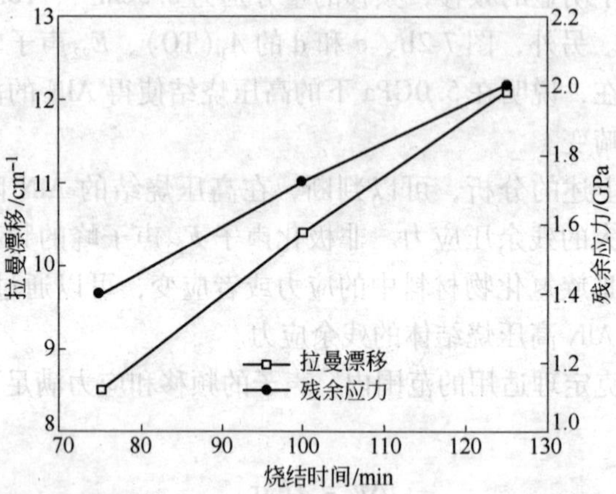

图 7-3　时间对 AlN 陶瓷 E_{22} 峰漂移及残余应力的影响

7.4　残余应力产生的原因及消除方法

7.4.1　残余应力产生的原因

因为 AlN 高压烧结体冷却过程中温度分布不均匀有可能产生的残余应力，它在本质上也是由于材料相邻区域塑性变形的差异造成的。这种塑性变形是冷却时心表温差引起。陶瓷烧结完成后，由于高压烧结的特点，往往采取急速降温的方式进行冷却。在冷却的初期由于表层冷得快，其收缩较大且受心部区域的阻碍，故表层为拉应力，心部为压应力。继续冷却时，表层的冷却速度减小，表温差也逐渐减小，心表的热应力下降。到冷却后期，心部区域开始比较强烈地收缩，受到已冷却的表层的阻碍，所以心表热应力开始反向，即心部受拉、表层受压，直到心表均达到同温，冷却结束。习惯上把冷却后试样表层为残余压应力，心部为残余拉应力这样一种残余应力分布形式称为热应力型。从上面的分析可以看出，此时对残余应力的大小起支配作用的是冷却时的心表温度差和这时材料的屈服强度。

心表温度差和高温屈服强度是控制热影响残余应力大小的决定性因素。前者取决于试样直径、材料的热传导系数以及环境的冷却能力。

本书中实验制备的 AlN 高压烧结体有着高的导热性能，且试样体积很小（ϕ12.0mm×4.0mm），即使是急冷，也不会在心表产生大的温差，说明高温冷却不是 AlN 高压烧结体产生残余应力的主要原因。

对纯 AlN 粉体及其高压烧结体陶瓷进行了 XRD 检测，发现 5.0GPa、1700℃烧结条件下，不同保温时间的 AlN 陶瓷体的 X 射线衍射图谱基本相同。AlN 粉体的衍射图谱中除了 AlN 的主晶相外，没有发现明显的其他物质特征峰的存在，而高压烧结的 AlN 陶瓷 X 射线衍射图谱与 AlN 粉体的 X 射线衍射图谱基本相同。

依据 XRD 图谱中 AlN 相的特征峰值，分别计算了 AlN 粉体和高压烧结体的晶格常数，结果见表 7-1。经过高压烧结的 AlN 试样的晶格常数比碳热还原法制备的 AlN 粉体的晶格常数有明显的减小。高压烧结 AlN 陶瓷的晶格常数的减小主要原因是高压手段的应用。高压使得组成物质的原子之间的间距有所压缩，外在表现为晶格常数的减小。

表 7-1 AlN 粉体及高压烧结体的晶格常数

试 样	a/nm	c/nm	c/a	晶格常数/nm^3
0min	0.31154	0.49838	1.5997	41.8916×10^{-3}
75min	0.31126	0.49755	1.5987	41.7468×10^{-3}
100min	0.31120	0.49747	1.5986	41.7240×10^{-3}
125min	0.31115	0.49738	1.5985	41.7014×10^{-3}

7.4.2 残余应力的消除

为了消除 AlN 的残余应力，将在 5.0GPa、1700℃、100min

条件下烧结好的试样放在管式电炉中，加热到500℃后，分别保温1h、2h、3h、4h、5h，最后，自然缓慢冷却到室温。用微区拉曼光谱法测试试样的残余应力。图7-4是在500℃下退火时间对AlN高压烧结体残余应力松弛的影响。从图中可以看出，残余应力随着保温时间的延长而急剧下降，500℃保温3h就可以把试样的残余应力完全消除。

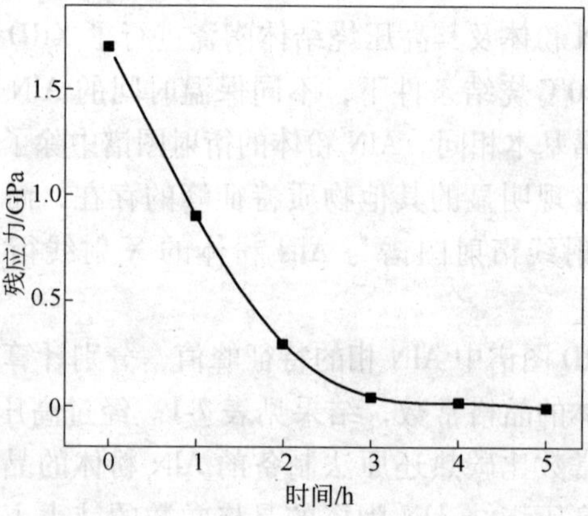

图7-4 退火时间对AlN残余应力松弛

促使残余应力松弛的外界因素主要是温度和载荷，最常见的手段是退火（回火）。一般在材料的回复或再结晶温度的范围内保温几小时至几十小时，就能使残余应力降低甚至完全去除。

高压烧结体中残余应力的大小可以看作系统偏离低能量稳定态的程度。热力学上高能量的组织状态在适当的条件下总将趋向于低能量的平衡态，这就是残余应力松弛的内在驱动力。

利用保温退火来达到消除残余应力的目的，从宏观上可解释为应力松弛。材料在室温内其屈服极限很高，随着温度的上升其屈服极限将下降，使其中一部分材料因达到高温而发生理性变形，从而使应力松弛，达到消除残余应力的目的。特别指出一点的是：退火消除残余应力，必须保证降温过程非常缓慢，否则新的残余应力又将会出现。从微观解释：在回复和再结晶过程中，原子有一个扩散、位移的过程，这将使得微观应力下降，同时也促进了材料在宏观意义上的塑性变形，从而使宏观应力也下降。所以残余应力松弛过程是与材料内部微观结构的变化密切相关的。

AlN 内部的残余压应力的存在，对提高其强度是有利的。样品的强度随残余拉应力增大而呈线性下降，随残余压应力增大而呈线性增加，且下降的速率大于增加的速率。残余应力的稳定性与材料内部储备弹性应变能有关。其大小可以看作系统偏离能量稳定态的程度。而热力学上高能量的组织状态在合适的条件下总是趋向于低能量的平衡态。促使残余应力松弛的外界因素是温度和载荷。其实质是保存在材料中的弹性应变能通过微观或局部塑性变形逐渐释放的过程。通过对材料内部结构进行处理，可以改变其原始应力状态，由此改变材料的力学性能。

7.5 本章内容在国外期刊发表的论文

Fabrication and Residual Stresses of Aluminum Nitride Ceramics Sintered at High-pressure

Abstract: High-density AlN ceramics were fabricated without sintering additives at high pressure (5.0GPa) and temperature (1300 ~ 1700℃). The sintered bodies were characterized by XRD and micro-Raman spectroscopy (MRS). The values of residual stresses due to the distortion of the AlN lattice were assessed using the Micro-Raman Spectroscopy (MRS). Residual compression stress of the AlN ceramics sintered at 5.0GPa and 1700℃ for 125min is −2.0GPa. The residual compression stress increased according to the extension of the sintering time.

Key words: aluminum nitride; high pressure sintering; fabrication; residual stress

1 Introduction

Aluminum nitride (AlN) has attracted attention of the electronic device industries because of its excellent properties, such as high thermal conductivity, thermal expansion matching that of silicon, good electrical insulation, low dielectric constant, and non-toxicity [1]. However, AlN, like Si_3N_4, is a strong covalent bonded material, and solid-state sintering usually results in coarsening without densification, unless submicrometer powders or high pressure is applied. Recently, there has been a growing interest in low-temperature sintering of AlN ceramics, which is beneficial to co-firing of multilayer substrates and reducing manufacturing costs [1,2]. In order to lower the sintering temperature and remove the oxygen atoms from the grain boundaries and lattices, some additives, such as CaO、Y_2O_3 and other rare-earth oxides or alkaline earth oxides have been tried to improving the sintering process [2]. Liquid-phase sintering is the typical preparation method, however, usually leaving a secondary phase governing the material properties.

Sintering of ceramic materials at high pressure is rarely applied in studies of AlN bodies due to the difficulty of obtaining high pressure. Z. Y. Lu et al. produced AlN ceramics doped with Y_2O_3 by a belt-type press compressor as sintering equipment[3]. A. Witek et al. sintered oxygen-free aluminum nitride ceramics under high pressure of 6.5GPa at high temperature of 2000℃ for 30min in a belt apparatus[4]. However, these studies do not evaluate to residual stress of aluminum nitride ceramics at high pressure. So far we know very little about this. Nor do we possess adequate information about the microstructure development of AlN bodies produced under high pressure. Since microstructure heavily affects the properties of ceramics, it is important to explore the microstructure of samples sintered under the conditions and to carry out investigation on the mechanism in sintering.

In the present work, AlN ceramics without additives were prepared at 5.0GPa. The lattice parameter of samples was investigated by X-ray diffraction (XRD). The residual stresses induced by the distortion of the AlN lattice have been evaluated by Micro-Raman Spectroscopy in AlN ceramics sintered at high pressure.

2 Experimental Procedure

Commercially available AlN powder (produced by carbothermal reduction method, Sinocera Advanced Materials Company, Fujian, China) was used as the starting material, which has an average particle size of 1.0μm. According to the data supplied by the manufacturer, the powder's oxygen impurity content was 1.2% and the nitride content was 32.5%. The pure AlN powder without additives were uniaxially pressed (150MPa) into cylinders (diameter = 7.5mm, thickness = 5mm). Green density was approximately 62.8% of theoretical density. The AlN bodies were fabricated in a cubic anvil high-pressure and high-temperature apparatus (SPD-6 × 1200, China type) with a sample chamber of 7.5mm on an edge under high pressure 5.0GPa and temperature 1300 ~ 1700℃ for different times. The sample assembly was described in Reference[5], which has fairly high stability at high pressure and high temperature for a long time. A graphite tube was introduced as heater. The pressure was estimated by the oil press load, which was calibrated by the curve that was established based on the pressure-induced phase transitions of bismuth, thallium, and barium. The temperature was estimated by the relation between input power and temperature, which had been calibrated using a Pt6% Rh-Pt30% Rh thermocouple. The measurement error in temperature and pressure was less than 5%. After low-temperature sintering was completed, the densities of the sintered samples were measured by Archimedes method. The phases and lattice parameters of samples were investigated by XRD with CuK_α radiation.

3 Results and Discussion

Table 1 lists the densities and the relative densities of samples sintered at 5.0GPa and 1700℃ for 50min or 125min. It can be seen that the relative density of AlN ceramics is 94.9% at 1300℃ and 5.0GPa for 50min. Until now we have not found that the relative density of AlN ceramics sintered by conventional methods can reach such a high value at the same temperature. Highly dense materials were obtained after sintering at 1700℃, which relative densities were 99.7%.

Table 1 The relative density of samples sintered under high pressure

Sample	Sintering condition	Density /g · cm^{-3}	Relative density/%
S1	5.0GPa/1300℃/50min	3.09	94.8
S2	5.0GPa/1400℃/50min	3.19	97.9
S3	5.0GPa/1700℃/50min	3.25	99.7
S4	5.0GPa/1700℃/125min	3.25	99.7

MRS was used for stress studies on AlN ceramics prepared by high-pressure sintering. The determination of stresses by Raman spectroscopy is based on the piezo-spectroscopy effect, involving a spectral shift due to the stress. According to the studies carried out by Grabner[6], when a material is under stress a shift of its characteristic Raman fluorescence peaks occurs. The relationship of the Raman shift and stress is given by the following tensorial expression:

$$\Delta\nu = \Pi_{ij}\sigma_{ij} \tag{1}$$

where $\Delta\nu$ is the stress-induced peak shift, Π_{ij} is the piezo-spectroscopic and σ_{ij} is the stress tensor. When the applied stress is uniaxial, the above equation reduces to a proportionality relation between the applied uniaxial stress and the shift of a selected Raman peak. As a first approximation, we will assume that under a hydrostatic stress field σ_h the relation can be written as:

$$\Delta\nu = \Pi_{av}\sigma_h \tag{2}$$

where Π_{av} is the average piezo-spectroscopic coefficient, $\Pi_{av} = 3\Pi_u$. Π_u is the piezo-spectroscopic measured under uniaxial stress.

The Raman spectroscopic apparatus used was an RM 1000 from Renishaw. An Ar-ion laser operating at a wavelength of 514.5nm with a power of 100mW was used as the excitation source, while an optical microscope was used both to focus the laser on the sample and to collect the scattered light. Light frequencies were analyzed using a triple mono-chromator equipped with a charge-coupled device (CCD) camera. The laser beam was focused on the sample to a spot of about 2.0μm in diameter. The penetration depth is estimated to be about 5.0μm. All Raman data of the AlN ceramics were taken using a ×25 objective lens and 120s collection time for consistency. Spectrometer calibration was performed using an argon lamp standard before and after recording the Raman spectra.

AlN crystallizes in the hexagonal wurtzite structure, which belongs to the space group C_4^{6V} ($P6_3mc$). The group theory predicts eight sets of phonon modes: $2E_2$, $2A_1$, $2E_1$ and $2B_1$. Among them, the $2B_1$ modes are not Raman active[7]. Fig. 1a, 1b, 1c and 1d shows the Raman spectra of the AlN starting powder and the samples sintered at 5.0GPa and 1700℃ for 75min, 100min and 125min, respectively. E_{22} and A_1(TO) phonon mode were observed clearly in Fig. 1a. From Fig. 1b, 1c and 1d, it can be seen that the E_{22} and A_1(TO) mode of AlN split into two peaks. These characteristics imply that the crystal structure of AlN was influenced by high pressure sintering. High pressure may distort the AlN lattice and change the symmetry of the hexagonal lattice. And the peak split could be considered as a proof of the symmetry changes[8]. This result is in accordance with the calculation of *c/a* ratio of AlN lattice in Table 2.

Table 2　The lattice parameters and unit cell volumes calculated from XRD patterns

Sample	*a*/nm	*c*/nm	*c/a*	unit cell volume/10^{-3} nm^3
Staring powder	0.31154	0.49838	1.5997	41.8916
5.0GPa/1700℃/75min	0.31126	0.49755	1.5987	41.7468
5.0GPa/1700℃/125min	0.31115	0.49738	1.5985	41.7014

For wurtzite structure materials, stress induced in the materials affects the E_2 phonon frequency significantly, and from which the information on stress can be extracted. An increase in the E_2 phonon frequency is caused by compressive stress, whereas a decrease in the E_2 phonon frequency is ascribed to tensile stress. Therefore, the high Raman scattering of the E_{22} phonon shows great advantage for studies of residual stress of AlN ceramics. It is generally agreed that the stress arises from lattice mismatch and distortion. And high pressure sintering is considered to be the main factor that would cause the lattice distortion of the ceramics. In order to get more information of the high pressure sintering on the AlN ceramics, the AlN ceramics sintered by high pressure were studied via Raman spectroscopy.

As shown in Fig. 1a, the position of the E_{22} mode of the AlN powder is found at 652.8cm^{-1}, which is almost the same position as the AlN standard powder. It indicates that the powder is almost free of stress. But in Fig. 1b, 1c and 1d the positions of the E_{22} mode of the AlN ceramics, prepared under high pressure for 75min, 100min,

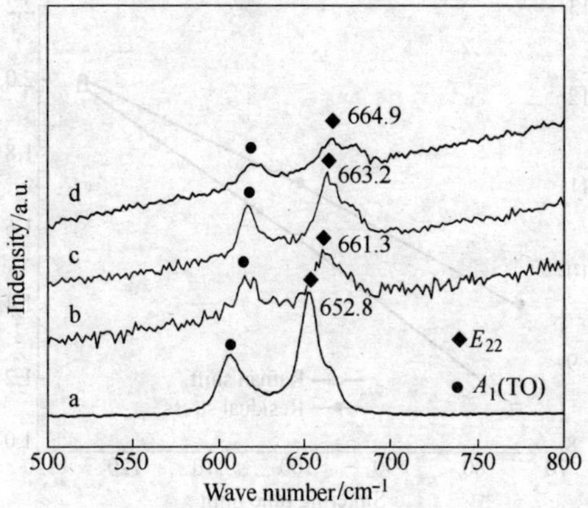

Fig. 1 Raman spectra of AlN powder and AlN ceramics sintered at 1700℃ and 5.0GPa

a—50min; b—75min; c—100min; d—125min

125min, are observed at $661.3cm^{-1}$, $663.2cm^{-1}$ and $664.9cm^{-1}$, respectively. A Raman shift of $8.5cm^{-1}$, $10.4cm^{-1}$ and $12.1cm^{-1}$ had taken place, as well. This indicates that a residual stress remained inside the samples. It could be considered that this stress was caused by the lattice distortion. The relationship of the Raman shift and stress is given by the above Eq. (2). The average piezo-spectroscopic coefficient, Π_{av} = $6.06cm^{-1}/GPa$[6]. From above equation, the residual stress of the AlN ceramics sintered at 5.0GPa for 75min, 100min and 125min is −1.40GPa, −1.72GPa and −2.00GPa, respectively. The negative sign indicates that the residual stress is residual compression stress.

According to the calculation, the residual compression stress increased according to the extension of the sintering time which may be depicted as in Fig. 2. The XRD patterns of the AlN powder and the samples sintered at 5.0GPa and 1700℃ for 75min, 100min and

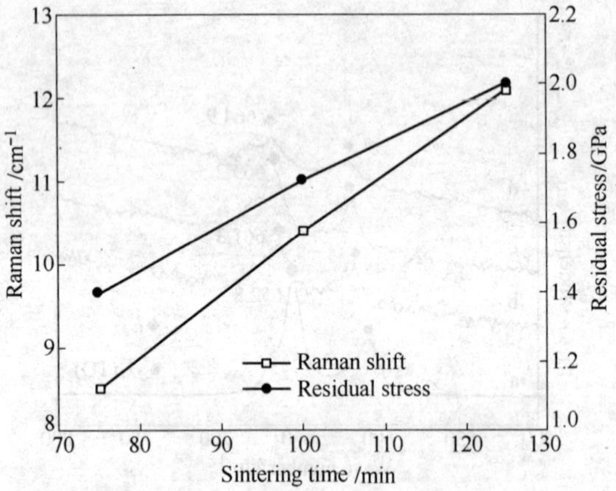

Fig. 2　Dependence of Raman shift and residual stress on the sintering time

125min are almost the same. X-ray diffraction patterns of the AlN starting powder and samples sintered at 5.0GPa exhibit characteristic peaks of hexagonal AlN and no other phases are observed. It proves that AlN keeps undecomposable under high pressure and high temperature even up to 5.0GPa and 1700℃.

The results of hexagonal lattice parameters (a_h, c_h and unit cell volume) based on X-ray data are calculated and presented in Table 2. The calculated lattice parameters based on X-ray data of AlN ceramics sintered at high pressure are little smaller than those calculated from the X-ray data of AlN powder. Additionally, compared to AlN staring powder, the unit cell volume of sintered samples have a obvious decrease. The reason for the small contraction of the lattice parameters mainly results from the high pressure treatment[8]. Pressure causes modification of the interatomic distances and thus changes the lattice parameters.

It should be noted that the AlN lattice parameters and unit cell volume would decrease as the high pressure sintering time was prolonged, see Table 2. Likewise, high pressure sintering caused the *c/a* ratio of AlN ceramics to decrease compared to the value of 1.5997 for the AlN powder. In Table 2, a decrease in *c/a* ratio of AlN ceramics with the holding time increasing under 5.0GPa was seen.

As discussed preciously, with the increase of high pressure sintering time, the degree of residual distortion of the AlN lattices which results from the high pressure sintering were bigger and bigger. This is because the residual compression stress of sintered samples increased according to the extension of the sintering time.

4 Summary

High-density AlN ceramics can be achieved by high pressure sintering at a lower sintering temperature and in a shorter time without additives. High pressure can lower the sintering temperature of AlN ceramics and accelerate their densification because of the bigger driving force provided by high pressure. The residual compression stresses were induced by the distortion of the AlN lattices at high pressure. Residual compression stress of the AlN ceramics sintered at 5.0GPa and 1700℃ for 125min is −2.0GPa. The residual compression stress increased according to the extension of the sintering time.

Acknowledgement

This work was supported by the National Natural Science Foundation of China (No. 50572032) and the Ph. D. Programs Foundation of Henan Polytechnic University (No. B2009-31).

References

[1] Virkar A V, Jackson T B, Cutler R A. J. Am. Ceram., 1989(72):2031.

[2] Jackson T B, Virkar A V, More K L, et al. J. Am. Ceram. ,1997(80):1421.
[3] Lu Z Y, Teng Y C, Liao Q L, et al. Mater. Sci. : Mater. Elect. ,2005(16):483.
[4] Witek A, Bockowski M, Presz A, et al. J. Mater. Sci. ,1998(33):3321.
[5] Ma H A, Jia X P, Chen L X, et al. J. Phys. : Condens. Matter. ,2002(14):11,181.
[6] Grabner L. J. Appl. Phys. ,1978(49):580.
[7] Prokofyeva T, Seon M, Vanbuskirk J, et al. Phys. Rev. ,2001(B63):125,313.
[8] Bezhenar N P, Bozhko S A, Belyavina N N, et al. Diamond Relat. Mater. 1997(6):927.

8 AlN 陶瓷的高压烧结机理

8.1 引言

在制备陶瓷材料的工艺过程中，烧结是最重要的一步，对材料的最终性能起着决定性的作用。所谓烧结，通常是指粉体在低于熔点的温度下，气孔排除，体积收缩，强度提高，逐渐变成一个坚固整体的过程。这个材料不断致密化的过程是通过物质的不断传递和迁移来实现的。在热力学上，所谓烧结是指系统总能量减少的过程。

半个多世纪以来，人们对陶瓷材料的烧结的致密化机理进行了许多研究工作，提出了很多陶瓷烧结动力学模型，得到了一系列有助于人们认识及控制陶瓷烧结的重要理论，这些研究成果解释了陶瓷烧结过程的很多现象，对优化陶瓷烧结过程起到了积极作用，为以后陶瓷烧结机理及过程的研究奠定了基础。

高压烧结由于在试样受热过程中引入了高压，使其具有低温快速的特点，已在陶瓷材料的制备中变得越来越具有吸引力，人们希望用高压烧结能更有效快速地制备出性能优越的陶瓷材料。

高压烧结致密化机理和常压烧结不同，目前国内外在这个领域内的基础研究仍然处于初始阶段，对 AlN 的高压烧结致密化机理研究目前国内外尚未见报道。这就限制了高压烧结技术在陶瓷材料制备中的发展，也使得高压烧结在新型陶瓷功能材料的烧结中尚未得到充分的应用。

本章对 AlN 粉体在冷高压下的致密性变化及晶粒碎化行为进行了研究,对高压烧结 AlN 陶瓷的致密化机理进行了初步的探讨。通过研究 AlN 陶瓷高压烧结机理,理清各烧结阶段导致高压烧结体致密化的物质输运机制,为高压技术的应用提供理论指导。

8.2 陶瓷烧结理论的研究进展

8.2.1 烧结过程的基本类型

按照在对粉体进行烧结时有无施加外来压力，可以把烧结过程分为两大类：不施加外压力的烧结和施加外压力的烧结，简称不加压烧结和加压烧结。

不加压烧结也称无压烧结或者常压烧结，是陶瓷烧结工艺中最简单的一种烧结方法。它是指在正常大气压力下，具有一定形状的陶瓷素坯在高温下经过物理化学过程变为致密、坚硬、体积稳定的、具有一定功能的固结体的过程。烧结的驱动力主要是自由能的变化。

按照在烧结过程中是否产生液相分为固相烧结和液相烧结两大类。固相烧结是指松散的粉末或经压制具有一定形状的粉末压坯被置于不超过其熔点的设定温度中在一定的气氛保护下，保温一段时间的操作过程，或简单地定义为粉末压坯的（可控气氛）热处理过程。液相烧结也是二元系或多元系粉末烧结过程，但烧结温度超过某一组元的熔点，因而形成液相。

值得指出的是，无压烧结是在没有外加驱动力的情况下进行的，所得的材料性能相对于加压工艺的要稍差一些，但其工艺简单，设备制造容易，成本低，易于制造复杂形状的制品和批量生产。

加压烧结指的是对松散粉末或粉末压坯同时施以高温和外加压力。其类型大致可分为：热压烧结、热等静压烧结、粉末热煅等。

热压烧结是一种加压烧结方法，顾名思义，热压烧结就是在高温烧结时额外施加了一个作用力。热压烧结施加的压力小于1000MPa。热等静压是指对装于包套之中的松散粉末加热的同时对其施加各向同性的等静压力，在高温高压同时作用下使材料达到致密化的烧结工艺。当前的热等静压设备的工作温度已经达到

2000℃或者更高，压力为300~1000MPa。粉末热锻，也叫烧结锻造，一般是先对压坯预烧结，然后在适当的高温下再实施锻造。

更复杂一点的烧结方法是将上述典型烧结过程进行“排列组合”，形成一系列令人眼花缭乱的液相热压、反应热压和自蔓延高温快速加压等复杂的烧结过程。

高压烧结从烧结形式上说也可称之为热压烧结的一种，它不同于热压烧结之处是在对陶瓷素坯高温烧结时施加的外来压力更高，一般要大于1.0GPa。在这样高的压力下进行烧结其特点是：不仅能够使材料迅速达到高致密度，具有细晶粒，而且有可能使得材料的晶体结构甚至其原子、电子状态发生变化，从而赋予材料在其他烧结工艺下所达不到的性能。另外，利用高压或者超高压烧结可以合成新型的人造矿物。但是，此工艺的缺点是比较复杂，对模具材料、真空密封技术等要求较高。

8.2.2 烧结过程及其物质传递

整个烧结过程一般可以被分解为下述7个阶段：

(1) 颗粒之间形成接触；

(2) 烧结颈长大；

(3) 连通孔洞闭合；

(4) 孔洞圆滑；

(5) 孔洞收缩和致密化；

(6) 孔洞粗化；

(7) 晶粒长大。

烧结也可分为烧结初期、烧结中期和烧结后期这几个阶段。烧结初期指的是颗粒之间形成接触和烧结颈长大阶段；烧结中期包括了连通孔洞闭合、孔洞圆滑和孔洞收缩与致密化阶段；烧结后期是指孔洞粗化和晶粒长大阶段。

烧结过程有物质的传递过程，这样才能使气孔逐渐得到填充，使坯体由疏松变得致密。对烧结的物质传递方式和机理许多学者都进行了研究，提出了许多见解，目前主要有四种看法，即：

（1）蒸发和凝聚；

（2）扩散；

（3）黏滞流动与塑性流动；

（4）溶解和沉淀。

实际上烧结过程中的物质传递现象颇为复杂，不可能用一种机理来说明一切烧结现象。多数学者认为，在烧结过程中可能有几种传质机理在起作用。但在一定条件下，某种机理会占主导地位，条件改变，起主导作用的机理有可能随之改变。

8.2.2.1　蒸发凝聚机制

由于颗粒表面各处的曲率不同，蒸气压的大小各不相同，质点会从高能阶的表面尖端蒸发，在低能阶的颈部凝聚。就其本身而言，并不能消除材料的孔隙，对致密化影响不大。

8.2.2.2　扩散

在高温下挥发性小的陶瓷原料，其物质主要通过表面扩散和体积扩散进行传递，烧结是通过扩散来实现的。

扩散指质点（或者空位）借助于浓度梯度推动界面迁移的过程。扩散过程可以通过物体的表面（或者界面）和内部进行，一般认为空位消失于颗粒表面和晶粒晶界处。不同的扩散途径对扩散系数的影响很大，一般认为晶界扩散比较容易进行。

8.2.2.3　黏滞流动与塑性流动

液相烧结的基本原理与固相烧结有类似之处。推动力仍然是表面能，不同的是烧结过程与液相量、液相性质、固相在液相中的溶解度、润湿行为都有密切关系。因此液相烧结动力学研究比固相烧结更为复杂。

在液相含量很高时，液相具有牛顿型液体的流动性质，这种粉体的烧结比较容易通过黏性流动而达到平衡。在高温下坯体中液相含量降低，而固相含量增加，这时烧结传质不能看成是牛顿型流体，而是属于塑性流动的流体，过程的推动力仍然是表面能。在固液两相系统中，液相量占多数且液相黏度较低时，烧结传质以黏性流动为主，而当液相量占多数或黏度较高时则以塑性流动为主。实际上，陶瓷体烧结时除有不同固相、液相外，还有气孔存在，因此实际情况要复杂得多。

8.2.2.4 溶解沉淀机制

烧结时固液两相之间可以发生如下传质过程：固相分散于液相中，并通过液相的毛细管作用在颈部重新排列，成为更紧密的堆积物；细小颗粒（其溶解度较高）以及一般颗粒的表面凸起部分溶解进入液相，并通过液相转移到粗颗粒表面（这里溶解度较低）而沉淀下来。这种传质过程发生于具有下列条件的体系中：有足量的液相生成，液相能润湿固相和固相在液相中有适当的溶解度。

8.2.3 烧结理论研究进展

烧结理论的发展经历了三次大的飞跃。从科学的角度对烧结进行研究是在第二次世界大战前后 10 年间(1935 ~ 1946 年)开始的。在这之前，仅仅有一些初步的烧结实验研究，是发现科学问题和提出科学问题的理论孕育期。

烧结理论研究的第一次飞跃是在 1945 年出现的。苏联科学家弗伦科尔(Frenkel)发表了两篇重要的论文："The viscous flow in crystal bodies"和"On the surface creep of particles in crystal and natural roughness of the crystal faces"。第一次把复杂的颗粒系统简化为两个球形，建立了双球模型，考虑了与空位流动相关的晶体物质（而不是非晶体物质）的黏性流动烧结机制，推导出了烧结颈长大速率的动力学方程。另外，他探讨了颗粒表面原子的迁移问题，强调了物质向颗粒接触区迁移和靠近接触颈的体积变形在烧结过程中同时起重要作用的观点。这标志着对烧结过程进入了认真的理论研究的新时期，是烧结理论的经典之作，对烧结问题的理论研究起到了重要的推动作用。1949 年，Kuczynski 利用球-板模型，建立了烧结初期烧结颈长大过程中体积扩散、表面扩散、晶界扩散、蒸发凝聚的微观物质迁移机制，奠定了揭示烧结过程普遍规律的属于第一个层面上的烧结扩散理论的基础。此后，Coble 的研究也取得了丰硕的成果，第一层面上的理论也从物质迁移扩展到以 Coble 为代表的致密化理论。

1971 年左右烧结理论开始了第二个飞跃。主要成果是理论的扩展以及对特殊烧结过程的纵向理论研究的深入。如用价电子稳定组态模型解释活化烧结现象；塑性流动物质迁移机制的新概念；烧结的拓扑理论；烧结的统计理论；活化烧结和液相烧结的深入研究；烧结图和热压、热等静压等压力烧结下的蠕变模型等。大批烧结动力学理论的出现大大丰富了对致密化过程的描述和对显微组织发展的评估。

烧结理论的第三个飞跃是计算机模拟技术的运用和发展。计算机模拟技术的出现给预测烧结全过程和烧结材料显微组织及性能提供了有效的工具。一般来说，将计算机技术应用于烧结研究的目的，不是对抽象的单一因素影响的物理模型进行复杂、精确的数学计算，而是对尽可能靠近实际情况的复杂物理模型进行系统的模拟，以期对烧结进行深入的认识和有效的控制。1990 年，Ku 等人对反应烧结 Si_3N_4 建立了计算机模拟的晶粒模型和尖锐界面模型。Ashby 等人利用计算机模拟对热等静压烧结进行压力-烧结图的预报。这样一些工作是烧结理论研究的高级阶段。可以预料，当人们对烧结过程本质进一步了解，且模型进一步完善和统一后，有效地对烧结过程进行智能控制的目的一定会实现。

值得注意的是，迄今为止，还没有出现能够同时描述烧结初期、中期以及后期的统一且令人信服的烧结理论。尽管有某些尝试，但大多数的理论工作都是针对不同烧结阶段的特殊性进行。而且在理论研究中，颗粒常被认为是球形，实际粉体的形状可能是针状、片状、角状、盘状、树枝状、多孔状等。最简单的颗粒接触模型为球-球，球-板，线-线模型。这种颗粒形状与接触的极为简单的几何抽象，脱离了复杂的实际情况，但却为揭示烧结过程的物理本质及普遍规律的研究开辟了道路。

8.2.4 高压烧结机理的研究概况

对于高压烧结机理的研究文献报道并不多，且由于高压烧结的复杂性，直到目前仍然没有一个统一的烧结理论来解释烧结中的现象。人们一般把高压烧结分成两个阶段进行研究，把相对密度小于90%的称为高压烧结的初期，而把相对密度大于90%的阶段称为高压烧结后期。

Felton 研究了在35MPa下的 Al_2O_3 陶瓷的烧结，认为颗粒重排（包括晶界滑动、碎裂、黏性流动、扩散等）是致密化的主要机理，特别是在致密化的早期颗粒重排对致密化进程影响更为显著。Chang 和 Rhodes 研究了在4.6GPa下碳化铀的高压烧结，他们认为：晶界滑移和晶体碎化是高压烧结碳化铀初期的主要物质传输机理，且晶体的碎化过程在高压时显得更为重要。E. V. Cloughertv等人对 TiB_2 在700MPa进行了未加热的压制实验，证明了晶粒度有一定的减小。Coble 和 Ellis 证明在颗粒紧密接触时塑性流动对烧结早期的致密化有作用，扩散机理和流量方程不能够解释烧结初期 Al_2O_3 的颈长大，而他们观察到的在烧结初期随着压力的提高烧结速率也加快，说明塑性流动起了主要的作用。Chang 和 Rhodes 估计在高压烧结的初期黏性流动也可以起到相当大的作用。分析表明，对高压烧结初期的致密化机理目前仍然没有一个统一的认识。

有关陶瓷材料高压烧结后期的致密化机理研究概括于表8-1。从表中可以看出，人们对高压烧结后期的物质主要传输机理认识上有很大的不同，得出了矛盾性的结论。研究者认为在高压烧结后期主要的物质传输机理包括有塑性流动、压力强化扩散、晶界滑移、塑性变形、晶界扩散等。分析研究者得出的结论来看，高压烧结末期的致密化机理主要包括两个方面：一是塑性流动，另一个是压力强化的空位扩散。

表 8-1　高压烧结后期的致密化机理总结

材　料	压力/GPa	温度/℃	后期主导机理
NiO	0. 14	1073 ~ 1373	塑性流动
Al_2O_3	0. 65	1550	压力强化扩散
Al_2O_3	0. 07	1200 ~ 1750	压力强化扩散
MgO	0. 07	1311 ~ 1911	压力强化扩散
BN	6. 6	1400 ~ 1800	晶界滑移
AlN	5. 0	1650 ~ 1950	塑性变形
Al_2O_3	0. 2	1450 ~ 1600	晶界扩散
HfB_2	1. 5	1400 ~ 1790	压力空位扩散

8. 3　冷高压下 AlN 粉体的致密性变化及晶粒碎化行为

8. 3. 1　实验方法

将碳热还原法制备的 AlN 粉体（平均粒径 2. 1μm），精确称重后预压成 ϕ14. 0mm × 5. 0mm 的试样，钼箔包覆，在 XKY-6 × 1200MN 型六面顶压机上进行冷高压实验。叶蜡石密封传压，样品组装见第 3 章。将组装好的试样施加 2. 0 ~ 5. 0GPa 高压 5min。AlN 粉体经高压作用后成较为坚硬的块状，高压后的样品在 300℃退火 2h 以消除应力。用阿基米得排水法测量加压后的块体的相对密度和气孔率，SEM 观察断口形貌，分析压制体的微观结构和晶粒大小。

8. 3. 2　冷高压对 AlN 致密性的影响

表 8-2 给出了经过 2. 0 ~ 5. 0GPa 高压作用 5min 后 AlN 粉体的密度、相对密度以及开气孔率。从表 8-2 及图 8-1 中可以看出，在高压下，随着压力的升高，AlN 压制体的相对密度也相应提高，开气孔率则呈下降趋势。AlN 微米粉体在室温下 5. 0GPa 高压压制仅仅 5min，压制体的相对密度为 88. 72%，压制体密度

达到 2.89g/cm^3，开气孔率仅有 10.22%，而等径硬球理想堆积密度最高只 78%。经过了冷高压的作用，表明在冷高压下 AlN 粉体致密化进程已发生，而且存在着所谓“冷烧结”行为。

表 8-2 经 5min 高压处理的 AlN 粉体的致密化

试　样	高压/GPa	密度/g·cm^{-3}	相对密度/%	表面孔隙率/%
1	2	2.64	80.92	16.86
2	3	2.72	83.55	13.50
3	4	2.77	85.11	12.74
4	5	2.82	86.44	11.39
5	6	2.89	88.72	10.22

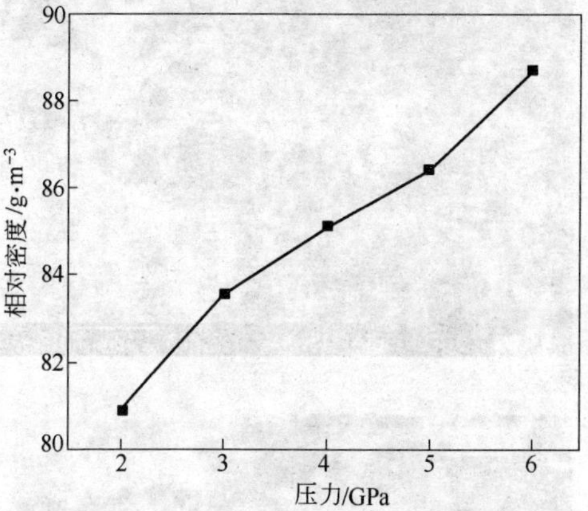

图 8-1 AlN 高压素坯的相对密度与压力的关系

从相关文献知道，高压作用下普通金属粉体也有类似的“冷烧结”现象。一般认为是金属粒子在高压下塑性形变的结果。而用高压压制普通 Al_2O_3 粗粉的最高报道密度仅 80%，高于理论致密值(78%)，主要原因在于粒子碎裂和较宽的粒度分布所致。

本实验所用粉体接近球形，粒度也较为均匀。其高压冷烧结行为不同于传统金属或较宽粒度分布的陶瓷粉的致密化。

显然，经过高压作用的 AlN 素坯的密度有大幅度的提高，素坯中的开口气孔率大为减小，这样会有利于坯体的烧结致密化，也在一定程度上有利于在较低的温度下烧结。

8.3.3　AlN 粉体在冷高压下的晶粒碎化行为

图 8-2 是经过 2.0 ~ 6.0GPa 高压作用 5min 后 AlN 坯体断口的电镜照片。从图中可以看出：高压作用后 AlN 坯体的粒径变小，存在明显的压致晶粒碎化行为。利用截距法 $G = 1.56\bar{L}$，可以计算出 AlN 粉体高压作用后的晶粒尺寸，不同压力对 AlN 粉

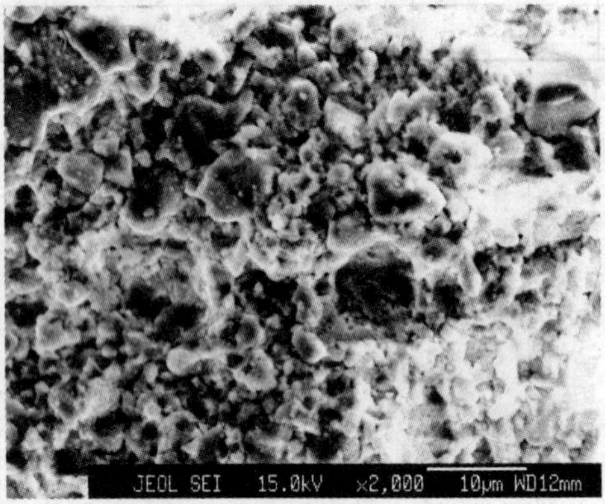

a

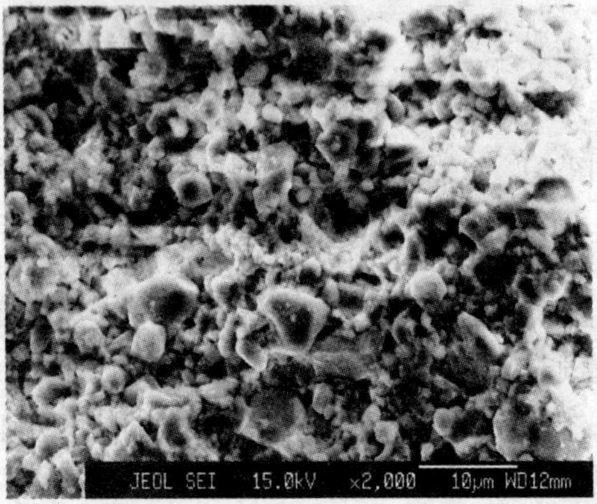

b

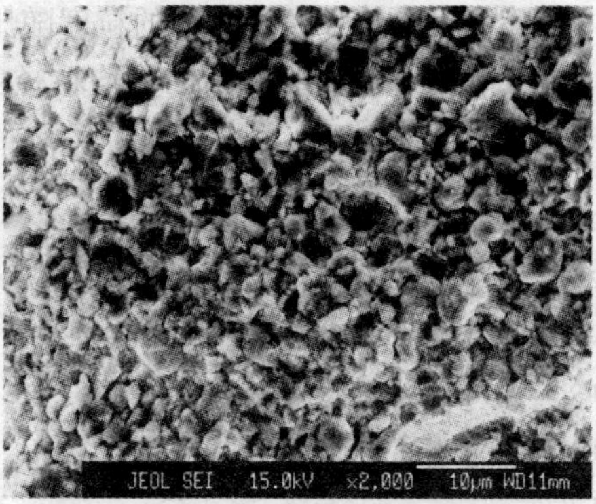

c

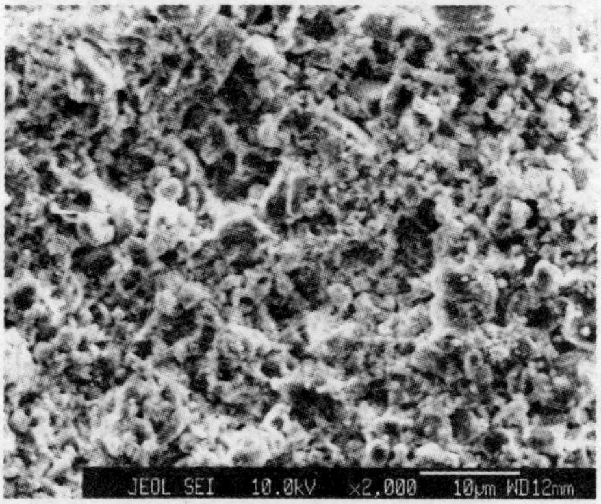

d

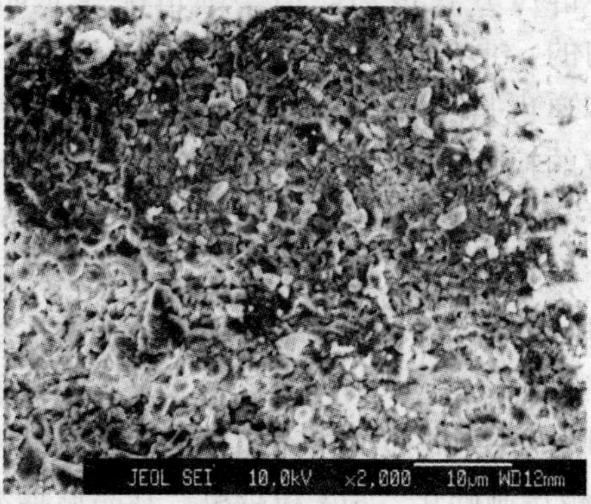

e

图 8-2 高压处理 5min 的 AlN 坯体断口的电镜照片

a—2GPa；b—3GPa；c—4GPa；d—5GPa；e—6GPa

体粒径的影响如图 8-3 所示。AlN 压制体的粒度随压力升高而减小，压力从常压升高到 6.0GPa 时微粉的平均粒径由 2.10μm 下降到 1.47μm。

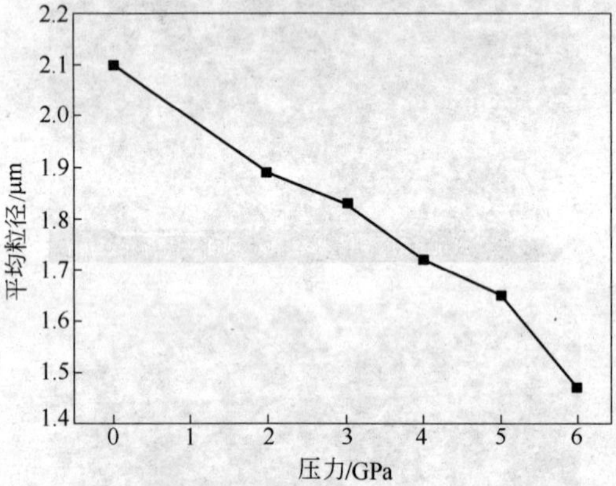

图 8-3 冷高压对 AlN 坯体平均粒径的影响

AlN 粉体经高压作用后出现颗粒碎化现象主要是由于高压对 AlN 粉体的脆性破坏造成的。一般情况下，对合成腔体中的压力估计都是以理想方式进行的，即腔体中粉末均匀呈圆球状并以等静压方式传递。但实际情况并非如此，腔体中粉料是不均匀的，形状也不是标准的球形，因此，外部压力在粉末中的传递也是不均匀的。实际情况是外来压应力都集中在粉体颗粒的接触点和面上（图 8-4 为 AlN 粉体在高压组装腔体内的受力示意图）。而接触点由于面积小，使点上的压强远高于合成腔体内的平均压强。据估算，若随着腔体中的 AlN 粉体被挤压重排，使 AlN 颗粒间接触面积增加到原腔体截面积的 25%，在 5.0GPa 高压条件下，则 AlN 颗粒接触点上的压力将高达 20.0GPa。在如此高的压力作用下，也由于 AlN 粉体的脆性，使得颗粒被压制碎化。AlN 粉越粗，其晶形越不完整，颗粒间接触面积越小，接触面上作用的压力越大就越容易产生压制碎化现象。

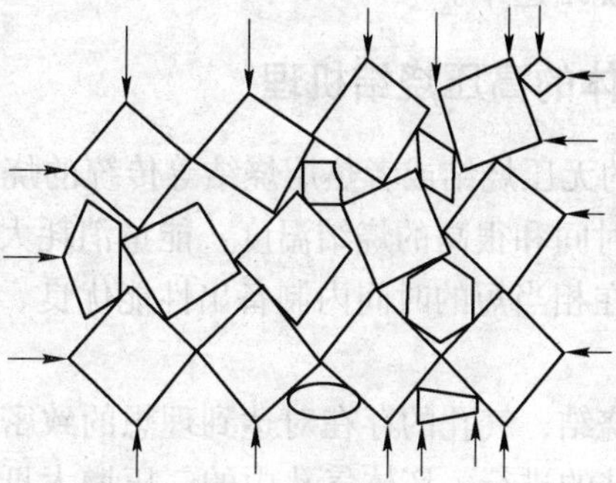

图 8-4 粉体在高压组装腔体内的受力状态示意图

通过上述分析，可以大致了解 AlN 微米粉体在冷高压作用下的晶粒碎化过程：在高压的作用下，首先是 AlN 微米颗粒间发生滑移达到紧密接触，由于共价键的 AlN 粉体很难发生塑性形变，在粒子接触区域的高应力场中粒子发生碎裂。随着压制的进一步持续，颗粒表面的原子在高的应力场作用下发生表面扩散和体扩散，从而使高压诱导致密扩散效应更加显著。并且，在强应力场中，由于粒子表面的原子扩散较快，宏观表现为黏滞流变。

需要指出的是，AlN 粉经高压作用后不仅仅是晶粒被高压碎化，而且由于高压的作用也会使得晶粒发生一定的塑性变形，晶粒内部出现明显的裂纹等“内伤”。这些晶粒内部的变形、位错、裂纹对烧结后 AlN 陶瓷材料的力学性能以及导热性能都将会产生负面影响。

上面提到了压制碎化现象对 AlN 陶瓷体材料的性能会产生不利的影响。但从另一个角度看，这种高压破碎作用对烧结过程也有着积极的作用。一方面经高压作用后 AlN 粉体被细化，提高了粉体的表面自由能，也就提高了其烧结的驱动力，有利于实现烧结致密化。另一方面经高压破碎产生的 AlN 粉末由于产生了一定的位错、裂纹等缺陷，还可以起到活化烧结的作用，提高了 AlN 陶瓷的烧结速率。

8.4　AlN 粉体的高压烧结机理

AlN 陶瓷的无压烧结或者热压烧结等传统的烧结方法往往需要很长的烧结时间和很高的烧结温度，能量消耗大。而采用高压烧结技术却能在相当短的时间内制备出性能优良、接近理论密度的材料。

在常压下烧结，气孔的存在对达到理想的致密程度有很大的障碍，随着烧结的进行，坯体气孔中的气压增大抵消了作为推动力的界面能的作用。另外，封闭的气孔中只能由晶体内扩散来的物质填充，而内部扩散要比界面扩散慢得多，且 AlN 是强共价化合物，自扩散系数很小，因此在常压下烧结 AlN 陶瓷很难达到完全的致密化。由此可知，使烧结过程在最后达到理想的致密程度，可采取两种方法，一是在真空中烧结以避免在气孔中聚集气体，二是施加压力。

热压烧结是一种加压烧结方法。顾名思义，热压烧结就是在高温烧结时额外施加一个作用力。热压烧结施加的压力一般小于1000MPa。高压烧结从烧结形式上说也可称之为热压烧结的一种，它不同于热压烧结之处是在对陶瓷坯体高温烧结时施加的外来压力更高，一般要大于 1.0GPa。在这样高的压力下进行烧结其特点是，不仅能够使材料迅速达到高致密度，具有细晶粒，而且有可能使得晶体结构甚至原子、电子状态发生变化，从而赋予材料在通常烧结或热压烧结工艺下所达不到的性能。而且，利用高压或者超高压烧结可以合成新型的人造矿物。但是，此工艺的缺点是比较复杂。

材料在加压烧结时，其变形是在应力和温度共同作用下发生的。可能的物质迁移机制有：位错滑移、攀移、扩散、扩散蠕变等。与不加压固相烧结过程相比，烧结过程与其以孔洞缓慢的形状变化为特征的阶段有所不同。

对于普通的热压烧结，Ashby 认为可以分成两大阶段来研究其机理。这两个阶段分别是孔隙连通阶段和孤立孔洞阶段。Ashby 认为：在加压烧结初期，外来压力的施加首先使颗粒接触区发生塑性屈服，而后在增加了的接触区形成幂指数蠕变区，各类蠕变机制导致物质迁移。同时，原子或空位不可避免地发生体积扩散和晶界扩散。晶界中的位错也可能沿晶界攀移，导致晶界滑动。第一阶段的主要特征是孔洞仍然连通。Ashby 认为在加压烧结的第二阶段，上述机制仍然存在，只不过孔洞成为孤立的闭孔，位于晶界相交处。同时，并不排除在晶粒内部存在的微孔。

根据前人的研究成果，在研究 AlN 高压烧结机理时把整个烧结过程分成两个阶段来考虑。高压烧结初期指的是相对密度小于 90% 的阶段，高压烧结后期指的是相对密度大于 90% 的阶段。为了探讨 AlN 陶瓷高压烧结的烧结机理，选择单相陶瓷体系（无添加烧结助剂的 AlN）作为研究对象，以简化研究过程。

8.4.1 高压烧结的驱动力

高压烧结是制备高性能陶瓷材料的一种有效的烧结方法。由于从外部施加了压力而补充了驱动力，因此效能高，在短时间内能把粉体烧结成致密均匀、晶粒细小的制品，而且烧结助剂用量小。高压烧结的实际致密驱动力（P_T）可以由下式表示：

$$P_T = P_e + 2\gamma/r_p - P_i \tag{8-1}$$

式中 P_e——额外作用力；

γ——表面能；

r_p——气孔半径；

P_i——内部气孔压力。

8.4.2 高压烧结初期的致密化机理

高压烧结由于在加热试样的同时施加了极高的压力，因此，高压在烧结中起着举足轻重的作用。为了了解压力对烧结 AlN 陶瓷致密化的影响，本书在不加热的情况下对 AlN 粉体施加了高压，以研究冷高压对 AlN 粉体致密度的影响。高压烧结 AlN 粉体时压力作用示意图如图 8-5 所示。从图 8-5 可看出，即使在未加热的情况下，随着压力的升高，试样内部的气孔减小，密实度增大，且 AlN 粉体颗粒有明显的碎化现象。这说明外加压力对 AlN 粉体烧结的致密化作用十分明显。

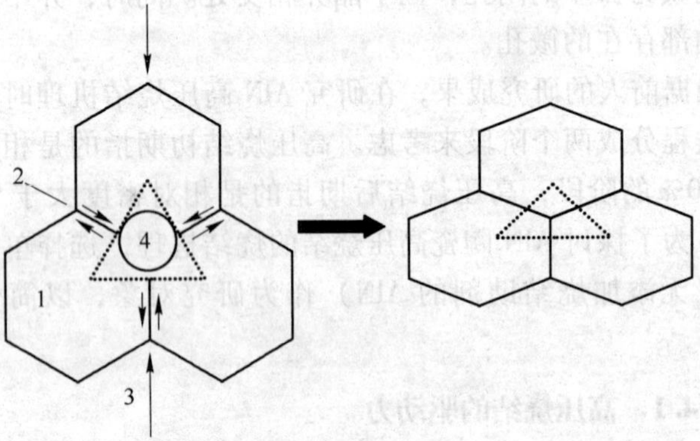

图 8-5　高压烧结 AlN 的高压作用简单示意图

1—颗粒；2—颗粒间的滑动；3—外来压力；4—核

图 8-6 为冷高压压制 5min 的 AlN 坯体的高分辨率照片。从图中可以发现粉体受压过程中的气体溢出通道和 AlN 颗粒堆积所形成的孔隙，也可看到 AlN 晶粒的变形且晶粒有一定的扩散连接。

在 AlN 陶瓷的高压烧结初期，AlN 的高压烧结与外力大小密切相关。其物质迁移机制主要是颗粒重排。从以上的分析可以知道，这种颗粒重排机制包括晶粒的碎化、晶粒在界面上的滑移、晶粒断裂重排以及晶粒的塑性变形与流动。

正因为 AlN 粉体在烧结时有高压的存在，所以从图 8-6a 可

a

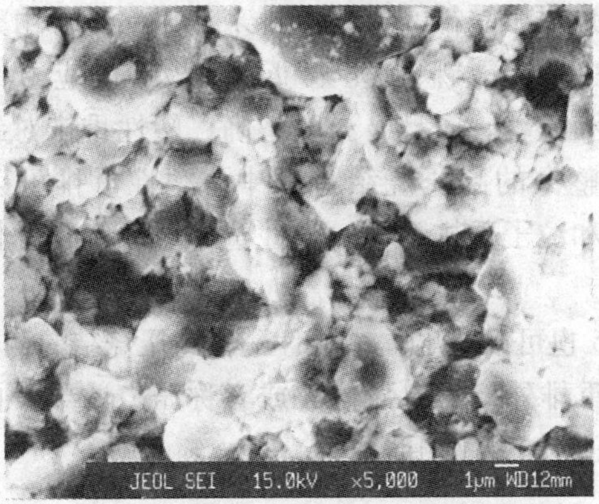

b

图 8-6 高压压制 5min 的 AlN 粉体高分辨率电镜照片

a—4.0GPa；b—5.0GPa

以明显地观察到颗粒间存在的烧结颈从而互相连接，扩散现象比较明显。这种扩散正是压力强化（或者称压力诱导）的扩散蠕变过程。AlN 的烧结过程中，高压的使用会使得这种扩散蠕变机制对致密化的贡献很大。

从以上分析可以知道，高压的主要作用是：

(1) 颗粒的碎化和重新排列；

（2）接触颗粒的变形重排；

（3）单独气孔的压缩。

基于以上实验分析，AlN 高压烧结初期，陶瓷致密化主要机理是颗粒重排。颗粒重排包括粒子重排和塑性重排。高达 5.0GPa 的压力使得 AlN 颗粒碎化，晶粒在界面上发生滑移等重排，细小的颗粒被高压强制地填入空隙中，材料的致密化程度迅速的提高。粒子重排导致的致密化会有一个限度，主要原因是一部分气体未能及时排出而被封闭在材料内部，另一个原因是晶粒的紧密排列必然有孔隙的存在。

在高压烧结 AlN 陶瓷时，粒子重排阶段占据的时间很短，大概在压力施压后的几秒钟之内就完成。AlN 粉体如果要进一步致密化，必须靠晶粒的塑性重排来加以实现。由于高压高达 5.0GPa 且在高温下，颗粒完全可以在极高的应力作用下发生一定的变形和流动。而且，温度越高，塑性重排对致密化的贡献更强。在整个的高压烧结过程中，塑性重排可以一直起作用。但是，和粒子重排一样，塑性重排对致密化的作用也有一个极限。

从图 8-5 也可以看出，在 AlN 陶瓷高压烧结的初期，致密化机理除颗粒重排外，压力强化（或者称压力诱导）的扩散蠕变过程也起到了一定的作用。

8.4.3　高压烧结后期的致密化机理

高压烧结初期，以颗粒重排为主的烧结阶段只能实现 AlN 材料的物理致密化，而要实现材料从物理的接触到化学的连接主要在高压烧结的后期进行。

在 AlN 陶瓷高压烧结的后期，烧结机理和初期明显不同。经过烧结初期的颗粒重排阶段和部分的扩散蠕变，AlN 的致密化程度接近或者达到颗粒重排的极限。

从相关的烧结理论可知：研究者对高压烧结后期的物质

传输机理的认识集中在塑性流动和压力强化扩散两方面。但 Vasilos 和 Spriggs 认为，把塑性流动或者黏性流动看作是高压烧结后期的主要物质传输机理的观点是不对的。一是 NiO 等是经一段温度范围的热压烧结而达到完全致密。在特殊的压力和温度下，Murray 等人和 McClelland 等人提出的黏性流动模型需要一个密度终点的存在；二是研究者未能提供流动的首选方向或者黏性流动（位错变形）的总量；三是在热压烧结中，细颗粒可以促进致密化，但因为更少的压制接触点可以造成更大的局部应力，塑性或者黏性流动机理却得出粗颗粒促进致密化。

从 Vasilos 和 Spriggs 的分析可以知道高压烧结后期主要的物质传输机制应该是扩散而不是塑性流动。图 8-7 是高压烧结 50min 的陶瓷断裂面的电镜照片。从图中可以发现，AlN 颗粒之间形成了明显的颈部。

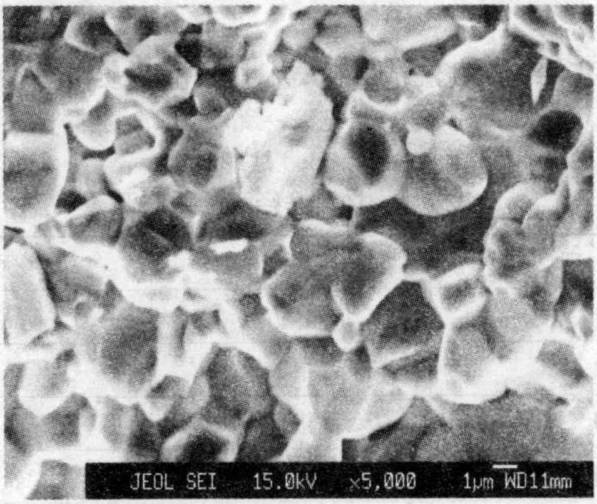

图 8-7 5.0GPa 高压烧结 50min 的陶瓷高分辨率电镜照片

在高压烧结后期，随着烧结的进行，由于物质的输送颈部将进一步长大，材料内部的孔隙进一步变形和缩小，晶粒也进一步的长大，当颈部区域形成晶界且宽度长大到相当于小颗粒的尺寸时，晶界将较为迅速地扫过小颗粒，两个颗粒便形成一个晶粒。

在高压烧结后期晶粒长大的过程中，颈部区域物质传输过程见图 8-8 所示。扩散途径和物质来源见表 8-3。

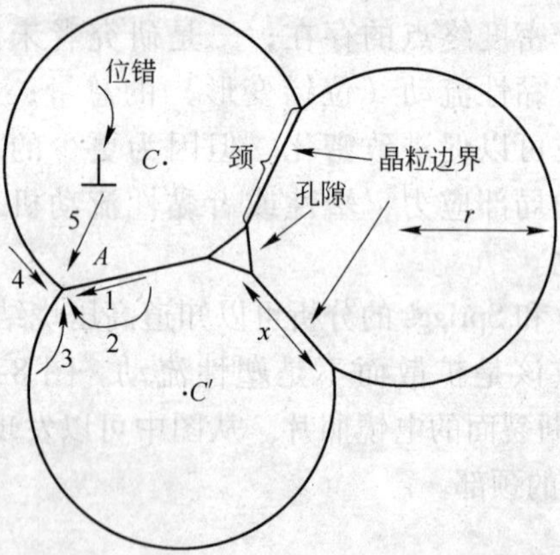

图 8-8　高压烧结颈部长大过程中的物质传输途径

C、C′—球形颗粒的中心；x—颈部直径；r—颗粒半径

表 8-3　扩散途径和物质来源

机　理	扩散途径	物质来源
1	晶界扩散	晶　界
2	晶格扩散	晶　界
3	晶格扩散	晶表面
4	表面扩散	表　面
5	晶格扩散	位　错

从图 8-8 可以看出，高压烧结后期，AlN 进一步致密化，其物质传输主要依靠扩散来进行。扩散主要包括：表面扩散、晶格扩散、晶界扩散等，其物质来源有晶界、表面以及位错。

我们认为，在 AlN 高压烧结后期（第二阶段），虽然上述几种扩散都在物质传输时起了一定作用，但主要的传输途径是体积扩散。换言之，压力强化的扩散蠕变过程（Nabarro-Herring 空位迁移机构）促进晶粒的长大，减小晶粒间的空隙，使 AlN 进一步致密化。

由于高压的作用，扩散蠕变在整个 AlN 陶瓷体材料的高压烧结过程中都是存在的，只不过在烧结初期对致密化的贡献远远小于颗粒重排对致密化的贡献。但是在烧结的第二阶段，压力诱导的扩散蠕变对 AlN 致密化将起到决定性的作用。

在这一阶段，AlN 陶瓷的物质传输机理可以用应力诱导的空位扩散模型（Nabarro-Herring 模型）来进行分析，该模型也可以称为空位蠕变模型或者体积扩散蠕变模型。

Nabarro 指出，在剪切应力作用下，多晶材料晶粒内的自扩散会造成材料的屈服，这是一种缓慢的屈服过程。造成这种屈服的原因是，在受正压应力的晶界与受拉伸应力的晶界之间出现了原子的扩散流动。原子由受正压应力的晶界通过晶粒内部流向受正拉伸应力的晶界。Herring 认为，多晶固体材料之所以有上述行为，是因为它具有“扩散黏度”，并认为存在浓度梯度和应力梯度时的扩散流量（单位时间、单位面积上的原子数）与化学位梯度成比例，并对晶粒内扩散流进行了应力—应变关系的计算。

Nabarro-Herring 应力诱导的空位扩散模型物质传输机理主要是原子从受压应力的晶面迁移到受拉伸应力的晶面，而空位的迁移则是反方向，是从受拉伸应力的晶面迁移到受压应力的晶面。空位迁移的驱动力是受拉伸应力晶面和受压应力晶面两者之间的空位浓度梯度。空位浓度梯度的形成主要是所施加外力对空位形成能的影响所致。单位时间内通过垂直于扩散方向的单位面积上扩散的物质（空位）数量和浓度梯度成正比，空位流量可以用下式表示：

$$J = D/c_0 \cdot c_t \tag{8-2}$$

式中 J——空位流量，即单位时间和单位面积上的量；

D——扩散系数，是一个比例系数，通常以 cm^2/s 为单位；

c_0——空位平衡浓度；

c_t——空位浓度梯度。

根据 Nabarro-Herring 压力诱导的空位扩散模型：

$$J = D_0 \exp\left(-\frac{Q}{RT}\right)\frac{1}{c_0}\frac{c_0}{d\Omega}\left[\exp\left(\frac{\sigma\Omega}{kT}\right) - \exp\left(-\frac{\sigma\Omega}{kT}\right)\right] \quad (8\text{-}3)$$

式中 R——普适气体常数，通常取 8.314J/mol；

Ω——空位体积，是一个比例系数，通常以 cm^2/s 为单位；

d——晶粒直径；

Q——空位的活化能；

T——温度，K；

σ——应力；

D_0——扩散常数。

综合以上分析可以认为，从烧结机理来看，高压烧结能够迅速进行（烧结时间短，烧结速率高）的原因如下：

（1）由于是高压烧结，高压使材料内产生了极大的应力和应变，可以较大幅度地提高物质的扩散流量。

（2）AlN 陶瓷高压烧结的扩散机理既有体积扩散，也有晶体表面扩散和晶界扩散，这三种扩散联合作用比单纯的体积空位扩散更能够加速物质的传输，从而促进烧结的进一步进行。

（3）高温以及粉体粒径小（仅仅 0.5μm）也是一个加速扩散的原因。高温及粉体粒径小可导致晶界扩散和表面扩散比体积扩散产生更重要的作用。

9 结论与展望

9.1 结论

本书利用国产六面顶压机在高压(3.0~5.0GPa)极端条件下通过低温烧结制备了高性能的 AlN 陶瓷体材料。对 AlN 粉体的高压烧结特性、显微结构及导热性能等进行了研究，并从热力学角度分析了高压烧结 AlN 陶瓷烧结助剂的选用原则；首次通过高压热处理的方法对 AlN 高压烧结体进行了结构调整，使其性能得到了显著的改善；利用微区 Raman 光谱对 AlN 高压烧结体的残余应力进行研究；对高压烧结 AlN 陶瓷的烧结机理进行了初步探讨和分析。

通过研究分析得出了以下结论：

(1) 与常规的制备方法相比，高压烧结制备陶瓷材料可以有效地降低烧结温度，缩短烧结时间，增进致密化，减少污染，提高样品的性能，具有快速、洁净、高致密度的特点。高压烧结技术为 AlN 材料的制备提供了一条新途径。

(2) 纯 AlN 粉体在压力为 5.0GPa，温度为 1300℃ 情况下烧结 50min，相对密度可达到 94.9%。高压烧结的纯 AlN 陶瓷晶粒细小，结构均匀，晶界不明显。在 5.0GPa、1400℃ 烧结 50min，试样中出现穿晶断裂模式。经过 5.0GPa、1800℃、50min 烧结的 AlN 试样形成了单相多晶等轴晶粒组织。高压烧结可以有助于材料致密度的提高，从而也在一定程度上有利于提高 AlN 的热导率。经 5.0GPa、1800℃、50min 烧结的无添加剂的 AlN 高压烧结体其热导率为 107.6W/(m·K)。

(3) 高压使 AlN 六方相的晶格常数有一定的减小。经过 5.0GPa、1700℃、75min 烧结的 AlN 的晶格常数比 AlN 粉体的减小了约0.09%。AlN 晶格常数的减小的主要原因是高压手段的应用。

（4）粉体粒径的大小对 AlN 的高压烧结性能有很大的影响。粒径越小，其烧结性能越好。

（5）热力学计算表明，由于高压烧结时在高温的同时对试样施加了高压，因此，不适合引入 Li_2CO_3、$CaCO_3$ 等高温分解放出气体的烧结助剂。高压的作用，也使得在烧结过程中，生成气体的一些反应难于进行，使高压烧结的 AlN 陶瓷的晶界相物质与常压烧结有所不同。

（6）Y_2O_3、La_2O_3 对 AlN 粉体的高压烧结性能、烧结体的导热性能都能起到改善和提高的作用，是有效的烧结助剂。

（7）烧结助剂 La_2O_3 最佳添加量为6%，生成的第二相物质为 $LaAlO_3$。在5.0GPa、1300℃条件下烧结50min，添加 La_2O_3 的 AlN 陶瓷体的相对密度达到了96.3%。高压的作用使得 AlN 六方相的晶格常数有一定的减小，且内部也存在残余压应力，但未发生相变，其六方相的对称性也未发生改变。

（8）以 Y_2O_3 为烧结助剂，烧结条件为5.0GPa、1200℃、50min 的 AlN 陶瓷体的相对密度就达到了95.3%。到目前为止，尚未发现有文献报道在此温度下利用传统烧结手段 AlN 烧结体能达到如此高的致密度，AlN 的高压烧结温度要比传统烧结方式低400℃以上。低温下烧结的 AlN 陶瓷其第二相物质为 $Y_4Al_2O_9$ 和 $YAlO_3$，当烧结温度高于1600℃，第二相物质主要以 $Y_3Al_5O_{12}$ 为主。烧结工艺为5.0GPa、1400℃、75min 和5.0GPa、1700℃、75min，添加5% Y_2O_3 的 AlN 热导率分别为45.6W/(m·K)和105.9W/(m·K)。随着烧结温度的提高，AlN 烧结体的热导率有大幅度的提高。AlN 陶瓷的导热性能与显微结构密切相关，AlN 晶粒呈较大面积密接，生长发育较完善，晶界相不呈局部富集状态，气孔率低的试样具有较高的热导率。

（9）添加烧结助剂的 AlN 高压烧结试样的第二相分布与

常压烧结的第二相分布有所不同。高压烧结多呈点状非连续分布，而常压烧结的第二相多存在于晶界处，呈连续状分布。

（10）在高压下随着烧结时间的延长，晶格内的氧被驱除，晶格得到了纯化，晶界相含量大为减少，晶界细窄干净，晶粒间呈大面积连接状态，穿晶断裂有一定的增加。

（11）Y_2O_3-Li_2O-CaO、Y_2O_3-Li_2O-CaF_2、Y_2O_3-CaO、Y_2O_3-CaF_2 等复合助剂系统与单一烧结助剂相比，AlN 陶瓷的烧结温度有较大幅度的下降，热导率也明显的提高。5.0GPa、1600℃、75min 条件下，添加 Y_2O_3-CaF_2-Li_2O 的 AlN 陶瓷的热导率为 145.3W/(m·K)。

（12）高压热处理可以有效地调整 AlN 陶瓷的结构、提高其性能。AlN 陶瓷体材料在高压热处理 1h 和 2h 时，密度有增加的趋势。但随着热处理时间的延长，密度反而略有下降，出现了反致密化现象。常压热处理 AlN 高压烧结体其致密度随着保温时间的延长均略有下降，也出现了反致密化现象。

（13）高压热处理 2h 的 AlN 陶瓷热导率达到了 173.2 W/(m·K)，是没有高压热处理试样热导率的 2.2 倍。高压热处理 240min AlN 陶瓷的热导率反而降到了 80.9W/(m·K)。在高压作用下，随着热处理时间的延长，AlN 晶粒发育更完整，晶粒尺寸显著增大，晶粒外形更加饱满，晶粒之间的接触更紧密。但是随着高压热处理时间的进一步延长，气孔会进一步长大，这对试样的致密度的增加是有阻碍作用的。

（14）高压热处理提高 AlN 高压烧结体导热性能的原因在于：1）提高 AlN 陶瓷试样的致密度；2）晶界相更多的在三角晶界处偏析，主相的连续性增强；3）主相的晶格更完整，减少了晶格缺陷对声子的散射。

（15）采用的高压热处理工艺由于在对 AlN 陶瓷进行保温的同时施加了高压，使得 AlN 试样传质速度加快，因而导致 AlN 晶粒生长速度较快，晶体生长动力学指数为 3，晶体生长激活能 $Q=(50.6\pm9.6)$kJ/mol。AlN 高压热处理时物质迁移的主要机理是压力强化的体积扩散。

（16）拉曼光谱可以测量高压烧结 AlN 体材料的残余应力。残余应力随着 AlN 陶瓷高压烧结时间的延长而增大。经 5.0GPa、1700℃、75min 和 5.0GPa、1700℃、125min 烧结的 AlN 陶瓷的残余应力，其值分别达到 -1.40GPa 和 -2.00GPa。高压烧结 AlN 陶瓷产生残余应力的主要原因是由于高压的作用使 AlN 晶格产生畸变。

（17）退火是消除 AlN 高压烧结体残余应力的有效手段。高压烧结的 AlN 陶瓷经 500℃保温 3h 就可以把试样的残余应力完全消除。

（18）AlN 微米粉体在 5.0GPa 下压制仅仅 5min，压制体的相对密度为 88.72%，出现了“冷烧结”现象。随着压力的升高，AlN 压制体的相对密度也相应提高，气孔率则呈下降趋势。高压作用后 AlN 微米粉体的粒径变小，存在明显的压致晶粒碎化行为。AlN 粉体粒度随压力升高而减小，压力从常压升高到 6.0GPa 时微粉的平均粒径由 2.10μm 下降到 1.47μm。

（19）AlN 陶瓷的高压烧结机理可以分成两个阶段来研究。在相对密度小于 90% 的高压烧结初期，纯 AlN 陶瓷的物质迁移机制主要是颗粒重排。这种颗粒重排机制包括晶粒的碎化、晶粒在界面上的滑移、晶粒断裂重排以及晶粒的塑性变形与流动。同时，压力强化的扩散蠕变过程在高压烧结初期对物质的输送也起到了一定的作用。

（20）在相对密度大于 90% 的高压烧结后期，AlN 的进一步致密化主要靠压力强化的扩散蠕变过程来促进晶粒的长大，减小晶粒间的空隙。

9.2　展望

本书对 AlN 陶瓷的高压烧结开展了系统的研究工作，取得了一些具有实际意义的成果。从研究来看，高压烧结功能陶瓷的方法前景十分广阔。高压烧结可以大幅度地缩短烧结时间、降低烧结温度、提高致密度、不受污染，且可以有效地提高材料的性能。但是利用国产六面顶压机制备综合性能优越的 AlN 陶瓷材料还有许多问题需要解决，今后急需开展以下几方面的工作：

（1）进一步优化高压烧结的组装。高压烧结陶瓷功能材料需要一个稳定的温度环境，如何在提高试样尺寸、扩大腔体体积的前提下保证腔体内部温度场的均匀性是一个值得注意的问题。这对提高功能材料性能的重复性十分重要。

（2）进一步研究筛选适合高压烧结的 AlN 陶瓷的烧结助剂。烧结助剂对改善 AlN 陶瓷的烧结行为、提高其性能有着重要的作用，需要进一步从热力学和动力学的角度进行分析，并进行实验验证，以进一步提高产品的性能。

（3）受客观因素的制约，本书只是研究了高压烧结 AlN 陶瓷的导热性能，对 AlN 高压烧结体的电性能（主要是介电性能）、光性能等一系列性能均没有涉及。进一步探讨高压烧结对 AlN 陶瓷电性能等一系列性能的影响，深入分析 AlN 高压烧结体的微观结构和性能的关系是急需开展的工作之一。

（4）对高压烧结的 AlN 陶瓷的导热机理进一步进行研究。

（5）对 AlN 陶瓷的高压烧结机理本书只是进行了初步的探讨，需要进一步深入的研究，对添加烧结助剂且有液相生成的 AlN 体系的高压烧结机理也待进行探讨。

（6）对 AlN 复合陶瓷进行高压烧结研究。可以把 AlN 和 TiN、TiC、TiB_2 等无机物进行复合，制备性能更加优异的复合陶瓷；也可以将 AlN 和 Mo、Fe、Al 等金属粉末进行复合，制备既有陶瓷材料的优异性能，又有金属材料的韧性的金属陶瓷。

（7）利用高压烧结来制备透明的 AlN 陶瓷体材料，探讨高压烧结对透明 AlN 陶瓷一系列性能的影响也是令人感兴趣的、需要进一步研究的方向之一。

高压烧结在功能材料的制备方面有着光明的前景。相信随着高压技术的不断进步，在材料学者们的共同努力下，利用高压烧结技术制备综合性能优越的微电子材料、光电子材料、传感器材料、信息材料、生物医用材料和智能材料等功能材料方面会越来越普及，功能陶瓷也必然会在我国信息技术、生物技术、能源技术等高新技术的发展中占据越来越重要的作用；对国防建设、改造与提升我国基础工业和传统产业，对我国资源、环境及社会的可持续发展等方面的支撑和推动作用也会越来越大。

参 考 文 献

[1] Sheppard L M. Aluminum nitride: a versatile but challenging material. Am Ceram Bull, 1990, 69(11): 1801 ~ 1803.

[2] Baik Y, Drew R A L. Aluminum nitride: processing and applications. Key Eng Mater, 1996, 122 ~ 124: 553 ~ 570.

[3] Tummala R R. Ceramic and glass-ceramic packaging in the 1900s. J Am Ceram Soc, 1991, 74(5): 895 ~ 907.

[4] 王岱峰，李文兰，庄汉锐，等．高导热 AlN 陶瓷研究进展．材料导报，1998，12(1)：29 ~ 31.

[5] 周和平，刘耀诚，吴音．氮化铝陶瓷的研究与应用．硅酸盐学报，1998，26(4)：517 ~ 522.

[6] Slack G A, Tanzilli R A, Pohl R O, et al. The intrinsic thermal conductivity of AlN. J Phys Chem Solids, 1987, 48(7): 641 ~ 647.

[7] 汪建民．陶瓷技术手册（下）．台湾：中华民国粉末冶金协会出版，1997.

[8] Mussler B H. Advanced materials and powders. Am Ceram Soc Bull, 2000, 79(6): 45 ~ 47.

[9] Bachelard R, Joubert P. Aluminum nitride by carbothermal nitridation. Mater Sci Eng A, 1989, (109): 247 ~ 251.

[10] Selvadruray G, Sheet L, Aluminum nitride: review of synthesis methods. Mater Sci Technol, 1993, 9: 463 ~ 473.

[11] 刘新宽，马明亮，席生岐，等．氮化铝粉末制备方法进展．耐火材料，1998，32(1)：52 ~ 55.

[12] 王延玲，张延安，杨欢，等．AlN 的性能及其粉体与薄膜的制备．材料导报，1998，12(6)：41 ~ 44.

[13] 江国健，庄汉锐，李文兰．高压氮气中自蔓延燃烧合成氮化铝及其显微结构．粉末冶金技术，1998，16(1)：26 ~ 32.

[14] 江国健，庄汉锐，李文兰．高压氮气中自蔓延燃烧合成氮化铝．无机材料学报，1998，13(1)：105 ~ 108.

[15] Shyan-Lung Chung, Wen-Liang Yu, Chun-Nan Liu. A self-propagating high temperature synthesis method for synthesis of AlN powder. J Mater Res, 1999, 14(5): 1928 ~ 1933.

[16] Lefort P, Billy M. Mechanism of AlN formation through the carbothermal reduction of Al_2O_3 in a floating N_2 atmosphere. J Am Ceram Soc, 1993, 76(9): 2295 ~ 2299.

[17] Komeya K, Kitagawa I, Meguro T. Synthesis of AlN powder by carbothermal reduc-

tion-nitridation method: Effect of additives on reaction rate. J Ceram Soc Jpn, 1993, 101 (4): 377 ~ 382.

[18] Ide T, Komeya K, Meguro T, Tatami J. Synthesis of AlN powder by carbothermal-nitridation of various Al_2O_3 powders with CaF_2. J Am Ceram Soc, 1999, 82 (11): 2993 ~ 2998.

[19] 黄莉萍，黄熊璋，付锡仁，等. 氮化铝粉末的制备. 硅酸盐学报，1986，14 (3): 332 ~ 338.

[20] Nickel K G, Riedel R, Petzow G. Thermodynamic and experimental study of high-purity aluminum nitride formation from aluminum chloride by chemical vapor deposition. J Am Ceram Soc, 1989, 72(10): 1804 ~ 1810.

[21] Kimura I. Particulate characteristics and deposition features of fine AlN powder synthesized by vapor phase reaction. J Mater Sci, 1989, 24: 4076 ~ 4079.

[22] 李春忠，胡黎明，陈敏恒. AlN 粉末制备的热力学分析和实验研究. 无机材料学报，1992，7(4): 397 ~ 404.

[23] Siebold M. Thermal conversion of preceramic polyininoalane precursors to aluminum nitride: characterization of pyrolysis products. J Am Ceram Soc, 1989, 72 (8): 1503 ~ 1507.

[24] Li H, Yang H, Zou G, Yu S. Ultrafine AlN and Al-AlN powders: preparation by DC arc plasma and thermal treatment. Adva Mater, 1997, 9(2): 156 ~ 159.

[25] Nagai Y, Lai G C. Preparation of fine AlN powder by wet ball-milling and their characterization. J Ceram Soc Jpn, 1997, 105(1): 6 ~ 10.

[26] 戴长虹，张显鹏，张劲松，杨永劲. 微波法合成 AlN 纳米粉末. 金属学报，1996，32(10): 1221 ~ 1226

[27] 戴长虹，张显鹏，刘素兰. 氮化铝超细粉微波合成机理研究. 无机材料学报，1997，12(5): 755 ~ 758.

[28] 李凝芳，周毅. 氮化铝（AlN）及其制品的研究动向. 材料导报，1993，7 (5): 42 ~ 44.

[29] Udagawa E, Makihara H, Kamehara N, et al. Influence of firing-gas pressure on the microstructure and thermal conductivity of AlN ceramics. J Mater Sci Lett, 1990, 9: 116 ~ 118.

[30] Yan H W, Cannon W R, Shanefield D J. Evolution of carbon during burnout and sintering of tape-cast aluminum nitride. J Am Ceram Soc, 1993, 76(1): 166 ~ 172.

[31] 吴音，缪卫国，周和平. 流延法制备低温烧结的高热导率 AlN 基片. 无机材料学报，1996，11(4): 606 ~ 610.

[32] Esposito L, Bellosi A, Roncari E. Characterization of tape cast aluminum nitride. Br Ceram Trans, 1995, 94(6): 230 ~ 235.

[33] Johnson J L, German R M, Hens K F. Injection molding AlN for thermal management applications. Am Ceram Soc Bull, 1996, 75(8): 61 ~ 65.

[34] Edirisinghe M J. Fabrication of engineering ceramics by injection molding. Am Ceram Bull, 1991, 70(5): 824 ~ 828.

[35] Virkar A V, Jackson T B, Cutler R A. Thermodynamic and kinetic effects of oxygen removal on the thermal conductivity of aluminum nitride. J Am Ceram Soc, 1989, 72(11): 2031 ~ 2042.

[36] Jackson T B, Virkar A V, More K L, Dinwiddie R B. High thermal conductivity aluminum nitride ceramics: the effect of thermodynamic, kinetic and microstructural factors, J Am Ceram Soc, 1997, 80(6): 1421 ~ 1435.

[37] 周和平，缪卫国，吴音. B_2O_3-Y_2O_3 添加剂对 AlN 陶瓷显微结构及性能的影响. 硅酸盐学报，1996，24(6)：146 ~ 151.

[38] 徐笑雷，李文兰，庄汉锐，等. 添加 Y-Li-Ca 系统的 AlN 陶瓷的低温烧结. 无机材料学报，1999，14(1)：175 ~ 179.

[39] 周和平，周劲松. 添加 CaF_2-Y_2O_3 的 AlN 陶瓷的显微结构及热导性质. 无机材料学报，1995，10(4)：439 ~ 444.

[40] 郑锐，席生岐，周敬恩. AlN 低温烧结助剂的研究现状. 稀有金属材料与工程，2001，30(5)：396 ~ 398.

[41] Hashimoto N, Yoden H, Deki S. Sintering behavior of fine aluminum nitride powder synthesized from aluminum polynuclear complexes. J Am Ceram Soc, 1992, 75(8): 2098 ~ 2106.

[42] 卡恩 R W，哈森 P，克雷默 E J. 陶瓷的结构与性能，材料科学与技术丛书 (11 卷). 北京：科学出版社，1998.

[43] Groza J R, Risbud S H, Yamazaki K. Plasma activated sintering of additive-free AlN powder to near-theoretical density in 5 minutes. J Mater Res, 1992, 7(10): 2643 ~ 2645.

[44] 刘军芳，付正义，张金咏. 放电等离子烧结（SPS）技术烧结致密 AlN 陶瓷. 陶瓷学报，2001，22(3)：157 ~ 160.

[45] Liang Qiao, Heping Zhou, Cuiwei Li. Microstructure and thermal conductivity of spark plasma sintering AlN ceramics. Mater Sci Eng B, 2003, 99 (1 ~ 3): 102 ~ 105.

[46] Khor K A, Yua L G, Murakoshi Y. Spark plasma sintering of Sm_2O_3-doped aluminum nitride. J Eur Ceram Soc, 2005, 25: 1057 ~ 1065.

[47] 徐耕夫，李文兰. 氮化铝陶瓷的微波烧结研究. 硅酸盐学报，1997，25(1)：89 ~ 95.

[48] 葛晓辉，戚凭. AlN 陶瓷的微波较低温烧结及相分析. 青岛大学学报（自然科学版），2000，13(1)：34 ~ 37.

[49] 黄小丽，马庆智，李发，刘慧卿．CaO-Y_2O_3 添加剂对 AlN 陶瓷显微结构及性能的影响．无机材料学报，2002，17(2)：277～282.

[50] Lu Z Y, Teng Y C, Liao Q L, Li D. The study of AlN ceramics sintered at superhigh pressure with belt-type press technology. J Mater Sci: Mater in Electron, 2005, 16: 483～487.

[51] Witek A, Bockowski M, Presz A. Synthesis of oxygen-free aluminium nitride ceramics. J Mater Sci, 1998, 33: 3321～3325.

[52] Bezhenar N P, Bozhko S A, Belyavina N N. X-ray diffraction analysis of aluminum nitride sintered with cubic boron nitride. Diamond Relat Mater, 1997, 6: 927～930.

[53] Borom M P, Slack G A, Szymaszek J W. Thermal conductivity of commercial aluminum nitride. Bull Am Ceram Soc, 1972, 51(11): 852～856.

[54] Bermudo J, Osendi M I, Fierro J L G. Oxygen distribution in AlN and Si_3N_4 powders as revealed by chemical and spectroscopy techniques. Ceram Int, 2000, 26(2): 141～146.

[55] Watari K, Tsuzuki A, Torii Y. Effect of rare-earth oxide addition on the thermal conductivity of sintered aluminum nitride. J Mater Sci Lett, 1992, 11: 1508～1510.

[56] 王岱峰，李文兰，庄汉锐，等．高导热 AlN 陶瓷研究进展．无机材料学报，1998，12(1)：29～31.

[57] 乔梁，周和平，王少洪．低温烧结 AlN 陶瓷的微结构和热导率．材料工程，2003(2)：23～26.

[58] Watari K, Valecillos M C, Brito M E, et al. Densification and thermal conductivity of AlN doped with Y_2O_3, CaO and Li_2O. J Am Ceram Soc, 1996, 79(12): 3103～3108.

[59] 陈广乐，范仕刚，夏淑琴．高导热 AlN 陶瓷烧结助剂的研究现状．现代陶瓷技术，2004，25(1)：26～30.

[60] Watari K, Hwang H J, Yofiyama M. Low-temperature sintering and high thermal conductivity of $YLiO_2$ doped AlN ceramics. J Am Ceram Soc, 1996, 79(7): 1979～1981.

[61] Troczynski T B, Nicholson P S. Effect of additive on the pressureless sin tering of aluminum nitride between 1500℃ and 1800℃. J Am Ceram Soc, 1989, 72(8): 1488～1491.

[62] Liu Yaocheng, Zhou Heping, Qiao Liang, et al. Low temperature sintering of aluminum nitride with YF_3-CaF_2 binary additive. J Mater Sci Lett, 1999(18): 703～704.

[63] Komeya K, Inoue H, Tsuge A. Effect of Various Additives on Sintering of Aluminum Nitride. Yogyo Kyokaishi, 1981, 89(6): 330～336.

[64] Miao W G, Wu Y, Zhou H P. Low-temperature sintering of aluminum nitride sub-

strate with high thermal conductivity. J Mater Sci Lett, 1997(16): 1245~1246.

[65] Miao Weiguo, Wu Yin, Zhou Heping, Han Wei, Ru Fangyun. Low-temperature sintering of AlN ceramics with shock wave treated powder. Mater Lett, 1997, 5(6): 411~414.

[66] Streicher E, Chartier T, Boch P, et al. Densification and thermal conductivity of low sintering temperature AlN materials. J Eur Ceram Soc, 1990(11): 23~28.

[67] Jarrige J, Bouzouita K, Doradoux C, et al. New method for fabrication of dense aluminum nitride bodies at temperatures as low as 1600℃. J Eur Ceram Soc, 1993(13): 279~285.

[68] 师昌绪, 李恒德. 材料科学与工程手册（第七卷）. 北京: 化学工业出版社, 2004.

[69] Watari K, Ishizaki K. Phonon scattering and thermal conduction mechanisms of sintered aluminum nitride ceramics. J Mater Sci, 1993(28): 3709~3714.

[70] Callahan K L, Thomas G. Impurity distribution in polycrystalline aluminum nitride ceramics. J Am Ceram Soc, 1990, 73(7): 2167~2170.

[71] Enloe J H, Rice R W, Lau J, et al. Microstructural effects on the thermal conductivity of polycrystalline aluminum nitride, J Am Ceram Soc, 1991, 74(9): 2214~2219.

[72] Kingery W D, Bowen H K, Uhlmaon D R. Introduction to ceramics. 2nd. ed. New York: John Wiley and Sons, 1976.

[73] Shuai Du, Longqiao Gao, Fa Li, et al. Microstructure and thermal conductivity of AlN ceramics containing additives. J Mater Sci, 1996(31): 3679~3683.

[74] Masahiko Tajika, Hideaki Matsubara. J Mater Sci, 1999, 82(6): 1573.

[75] Ching-Fong Chen, M E Perisse. Thermophysical properties of aluminum nitride ceramic. J Mater Sci, 1994, 29(6): 1595~1600.

[76] Zarinejad M, Firoozi S, Abachi P, et al. Canadian Institute of Mining, Metallurgy and Petroleum, Metal/Ceramic Interactions, Canada, 2002: 191~203.

[77] Buhr H, Müller G. Microstructure and thermal conductivity of AlN (Y_2O_3) ceramics sintered in different atmospheres. J Eur Ceram Soc, 1993(12): 271~277.

[78] 果世驹. 粉末烧结理论. 北京: 冶金工业出版社, 1998.

[79] Hirschhorn J S. Introduction to powder metallurgy. American Powder Metallurgy Institute, 1996.

[80] 殷庆瑞, 祝炳和. 功能陶瓷的显微结构、性能与制备技术. 北京: 冶金工业出版社, 2005.

[81] Felton E J. Hot-pressing of alumina powders at low temperatures, J Am Ceram Soc, 1961, 44(8): 381~385.

[82] Chang R, Rhodes C G. High-pressure hot-pressing of uranium carbide powders and mechanism of sintering refractory bodies, J Am Ceram Soc, 1962, 45 (8): 379 ~ 382.

[83] Clougherty E V, Kalish D. Strengthening Mechanisms//Burke J J, Reed N L, Weiss V. Metals and Ceramics. Syracuse University Press, Syracuse, New York, 1968: 431 ~ 433.

[84] Coble R L, Ellis J S. Hot-pressing alumina-mechanisms of materials transport, J Am Ceram Soc, 1963, 46(9): 438 ~ 441.

[85] Spriggs R M, Brissette L A, Vasilos T. Pressure-sintered nickel oxide, Am Ceram Soc Bull, 1964(43): 572 ~ 577.

[86] Vnsilosnnct T, SI Spriggs K. Pressure sintering: mechanism and microstructures for alumina and magnesia. J Am Ceram Soc, 1963, 46(10): 493 ~ 496.

[87] Koval'chenko M S, Dzhamarov S S. Densification kinetics of a wurtzitelike boron nitride powder in hot pressing under high pressure. Powder Metall Met Ceram, 1984, 23(2): 117 ~ 120.

[88] Shipilo V B, Rapinchuk T V, Shishonok N A, et al. Sintering aluminum nitride at high pressure. Powder Metall Met Ceram, 1993, 32(8): 709 ~ 712.

[89] Keizo Uematsu, Kazuhisa Itakura, Masahiko Sekiguchi, et al. Grain growth during hot isostatic pressing of presintered alumina. J Am Ceram Soc, 1989, 72 (7): 1239 ~ 1240.

[90] Kalish D, Clougherty E V. Densification mechanisms in high-pressure hot-pressing of HfB_2. J Am Ceram Soc, 1969, 52(1): 16 ~ 30.

[91] 李志宏，赵清国，赵博，等. 发展中的中国六面顶压机和人造金刚石. 金刚石与磨料磨具工程增刊，2006(11):1 ~ 6.

[92] Sung C M. A century of progress in the development of very high pressure apparatus for scientific research and diamond synthesis. High Temperature High Pressure, 1997 (29): 253 ~ 293.

[93] 姚裕成. 从两面顶、六面顶、凹模的特点论我国合成金刚石装备大型化的方向. 人工晶体学报，1999，28(1)：103 ~ 107.

[94] 郭永存，李植华，张广云. 金刚石的人工合成与应用. 北京：科学出版社，1984.

[95] 贾晓鹏. 高温高压下用溶剂法合成金刚石单晶及杂质分析[D]. 日本筑波：筑波大学工学研究科，1996.

[96] 陈立学. 高温高压合成条件稳定性的研究以及宝石级金刚石单晶的合成[D]. 吉林：吉林大学，2003.

[97] 马红安. 碳氮化合物的高温高压合成及其表征[D]. 吉林：吉林大学，2003.

[98] 郝兆印，陈宇飞，邹广田．人工合成金刚石．长春：吉林大学出版社，1996.

[99] Coble R L, Gupta T K. Intermediate stage sintering. //Kuczynski G C, Hooton N A, Gibbon C F. Sintering and related phenomena, New York: Gordon and Breach, 1967: 423 ~ 441.

[100] German R M. Powder Metallurgy Science. 2nd ed., Metal Powder Industries Federation, Princeton, NJ, USA, 1994.

[101] 高濂，李尉，王宏志．超高压成型制备 Y-TZP 纳米陶瓷．无机材料学报，2000，15(6)：1005 ~ 1008.

[102] 袁望治，田卫，郭捷．纳米 ZrO_2(4Y)的快速高压烧结研究．高压物理学报，2001，15(4)：259 ~ 264.

[103] Mayo M J. High and low superplasticity in nanocrystalline materials. NanoStruct Mater, 1997(9):717 ~ 726.

[104] 李世普．特种陶瓷工艺学．武汉：武汉工业大学出版社，1990.

[105] 王聪和，谭家麟，施柏煊．激光光热偏转法测量固体材料的热扩散率．激光与红外，1999，29(1)：30 ~ 33.

[106] 崔国文．缺陷、扩散与烧结．北京：清华大学出版社，1990.

[107] Sakai T, Kuriyama M, Inukai T, et al. Effect of oxygen on the sintering of AlN polycrystal. J Mater Sci, 1977(2): 1659 ~ 1665.

[108] Culbertson G C, Mathers J P. The effect of particle size for non-oxide ceramics. Process Me Ceram Powders, Proc Symp, 1982: 109 ~ 122.

[109] Hashimoto N, Yoden H. Sintering behavior of fine aluminum nitride powder synthesized from aluminum polynuclear complexes. J Am Ceram Soc, 1992, 75 (8): 2098 ~ 2106.

[110] 金志浩，高积强，乔冠军．工程陶瓷材料．西安：西安交通大学出版社，2000.

[111] Gorczyca I, Christensen N E, Perlin P, et al. High pressure phase transition in aluminium nitride. Solid State Commun, 1991, 79 (12): 1033 ~ 1034.

[112] Ueno M, Onodera A, Shimomura O, et al. X-ray observation of the structural phase transition of aluminum nitride under high pressure. Phys Rev B, 1992, 45(17): 10123 ~ 10126.

[113] Kim Y W, Park H C, Lee Y B, et al. Reaction sintering and microstructural development in the system Al_2O_3-AlN. J Eur Ceram Soc, 2001, 21 (13): 2383 ~ 2391.

[114] Slack G A. Nonmetallic with high thermal conductivity. J Phys Chem Solids, 1973 (34): 321 ~ 335.

[115] Hundere A M, Einarsrud A. Microstructural development in AlN (YF_3) ceramics. J Eur Ceram Soc, 1997, 17(7): 873 ~ 878.

[116] Watari K, Hwang H J, Toriyama M, et al. Effective aids for low-temperature sintering of AlN ceramics. J Mater Res, 1999, 14(4): 1409 ~ 1417.
[117] 叶瑞伦. 无机材料物理化学. 北京：建筑工业出版社，1986.
[118] 叶大伦. 实用无机物热力学数据手册. 北京：冶金工业出版社，1981.
[119] McNeil L E, Grimsditch M, French R H. Vibrational spectroscopy of aluminum nitride. J Am Ceram Soc, 1993, 76(5): 1132 ~ 1136.
[120] 方容川. 固体光谱学. 合肥：中国科技大学出版社，2003.
[121] Solomon A A, Hsu F. Proceedings sintering and related phenomena, Plenum Press New York: Kuczynski G C, 1980: 485.
[122] 吕德义，王晖，郇昌永，等. 水热晶化法制备纳米 TiO_2 的动力学研究. 浙江工业大学学报，2004, 32(1): 41 ~ 46.
[123] 侯清健，徐国跃，凌栋，等. 纳米复合 ZnO 粉体烧结过程晶粒生长的分析. 电子元件与材料，2005, 24(10): 30 ~ 33.
[124] Lu G Q, Nygren E, Aziz M J, et al. Pressure-enhanced solid phase epitaxy of germanium. Appl Phys Lett, 1990, 56(2): 137 ~ 139.
[125] Brook R J. Ceramic Fabrication Processes. Franklin Wang F Y. Treatise on Materials Science and Technology (Vol. 9). New York: Academic Press, 1976: 331 ~ 364.
[126] Harker D, Parker E. Grain shape and grain growth. Trans. Amer. Soc. Met. 1945 (34):156 ~ 195.
[127] Belk P A. Trans. Amer. Inst. Min. (Metall.) Engrs, 1948(175): 372 ~ 378.
[128] Burke J E. Trans. Amer. Inst. Min. (Metall.) Engrs, 1949(180):73 ~ 78.
[129] Burke J E, Turabull. Progress in Metal Physics. Vol. Ⅲ, Pergamon Pres London: Chalmers B, 1952: 220.
[130] Yingda Yu. Aase Marie Hundere, Ragnvald Hoier, Rafal E Dunin-Borkowski. Microstructural characterization and effects on the thermal conductivity of AlN (Y_2O_3) ceramics. J Eur Ceram Soc, 2002, 22(2): 247 ~ 252.
[131] 张定铨，何家文. 材料中残余应力的 X 射线衍射分析和作用. 西安：西安交通大学出版社，1999.
[132] Brandmuller J, Keifer W. Fifty years of Raman spectroscopy. Spex Speaker. 1978, 233 (2): 10 ~ 12.
[133] Cai J, Raptis Y S. Anastassakis E. Stabilized cubic zirconia: A Raman study under uniaxial stress. Appl Phys Lett, 1993, 62(22): 2781 ~ 2783.
[134] 邱宇，雷振坤，亢一澜. 微拉曼光谱技术及其在微结构残余应力检测中的应用. 机械强度，2004, 26(4): 389 ~ 392.
[135] 邱明，毛卫国，戴翠英. 热障涂层应力场的微拉曼光谱技术测试研究. 长沙交通学院学报，2006, 22(2): 76 ~ 80.

[136] Grabner L. Spectroscopic technique for the measurement of residual stress in sintered Al_2O_3. J Appl Phys, 1978, 49(2): 580

[137] Ichimaru H, Pezzotti G. Raman microprobe mapping of residual and bridging stress fields in AlN ceramics. Mater Sci Eng A, 2002, 326(2): 261 ~ 267.

[138] Hahn H, Logas J, Averback R S. Sintering characteristics of nanocrystalline TiO_2. J Mater Res, 1990, 5(3): 609 ~ 614.

[139] Gutmanas E Y, Rabinkin A. Cold sintering under high pressure. Scripta Metall Mater, 1979, 13(1): 11 ~ 15.

[140] Aurget J G, Sigalas I, Kingon A I. Am Ceram Soc Bull, 1986, 65 (9): 1301 ~ 1306.

[141] 邓福铭，陈启武．金刚石粉末超高压挤压破碎规律研究．超硬材料工程，1998，4：9 ~ 15.

[142] 李世普．特种陶瓷工艺学．武汉：武汉工业大学出版社，1990.

[143] 施剑林．固相烧结—Ⅰ气孔显微结构模型及热力学稳定性、致密化方程．硅酸盐学报，1997，25(5)：499 ~ 504.

[144] 施剑林．固相烧结—Ⅱ粗化与晶粒生长和致密化关系，物质传输途径．硅酸盐学报，1997，25(6)：657 ~ 662.

[145] 施剑林．固相烧结—Ⅲ实验：超细氧化锆粉烧结过程中晶粒与气孔生长及致密化行为．硅酸盐学报，1998，26(1)：1 ~ 6.

[146] Lange F F, Kellet B J. Thermodynamics of densification—part Ⅱ: grain growth in porous compacts and relation to densification. J Am Ceram Soc, 1989, 72(5): 735 ~ 740.

[147] Lange F F. Sinterability of agglomerated powders. J Am Ceram Soc, 1983, 67(2): 83 ~ 87.

[148] Spriggs R M, Vasilos T. Functional relation between creep rate and porosity for polycrystalline ceramics. J Am Ceram Soc, 1964, 47 (1): 47 ~ 48.

[149] Murray P, Livey D T, Williams J. Ceramic Fabrication Processes//Kingery W D. Technology Press of Massachusetts Institute of Technology, Cambridge, Mass et al. Inc, New York, 1958: 147 ~ 171.

[150] McClelland J D. Plastic Flow Model of Hot Pressing. J. Am Ceram Soc, 1961, 44 (10): 526 ~ 532.

[151] Conyers Herring. Diffusional viscosity of a polycrystalline solid. J Appl Phys, 1950, 21(5): 437 ~ 445.

[152] Nabarro F N. Report on conference of strength of solids (Univ Bristol), July 1947, Physical Society, London, 1948: 78 ~ 79.

